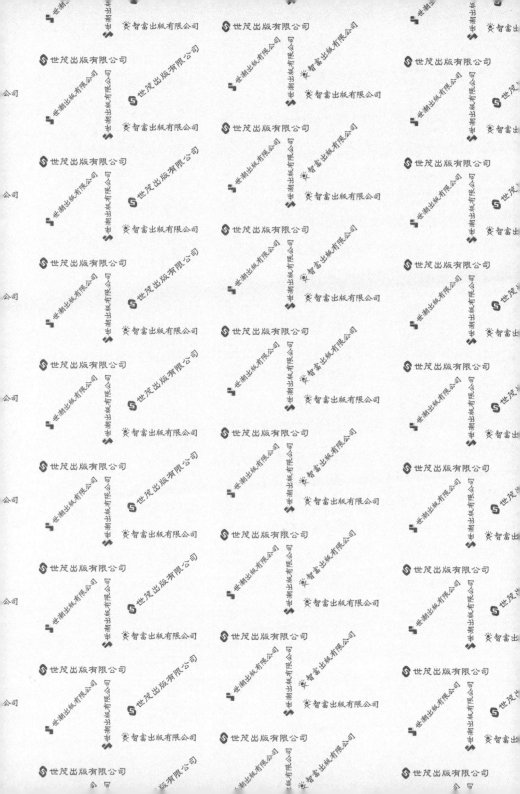

永久磁鐵

日本國立元素戰略磁性材料研究部門 ESICMM 解析評價組長
日本國立磁性・自旋電子學研究中心 CMSM 主任
寶野和博◎著
本丸諒◎著　衛宮紘◎譯
東海大學應用物理系磁電實驗室副教授**張晃暐**◎審定

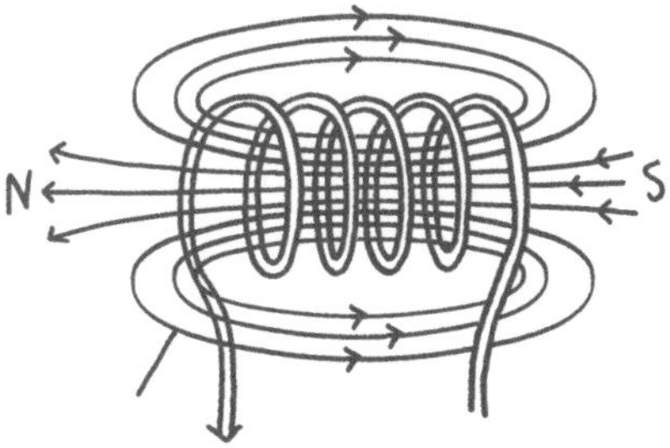

序言

探索「好厲害的磁鐵！」

說到磁鐵，大家腦中會浮現小學自然科教材，有U字形（馬蹄形）磁鐵和棒狀磁鐵。走一趟超市或購物中心的文具區，還可以找到U字形磁鐵和棒狀磁鐵，但這些磁鐵現在只當作教材使用。現在產業用的強力「釹鐵硼磁鐵」（Nd Fe B），形狀不再這麼彎曲。釹鐵硼磁鐵俗稱釹磁鐵，大多以各種形狀藏在產品之中，用來提升產品的機能、性能。因此，高性能磁鐵幾乎都在看不到的地方運作，可說是「無名英雄」。

例如，現在的混合動力車、電動車，平均1台要使用100個馬達和感測器，這些零件都使用了永久磁鐵，因此可說，**混合動力車是磁鐵的集合體**。

磁鐵有很多種類。若不要求高輸出功率，可以使用「鐵氧體磁鐵（Ferrite magnet）」；若需要小型、高機能，則可以使用有「最強磁鐵」之稱的「釹磁鐵」。除了汽車之外，日本在許多電器中都不吝於使用高性能磁鐵，這正是「日本電器小而安靜」的理由。來自海外的研究專家無不感到佩服：「日本連空調都使用釹磁鐵！」

超越釹鐵硼磁鐵

未來大量需要的磁鐵是，使用在混合動力車等驅動馬達上的高性能磁鐵。雖然目前仍使用釹磁鐵，但一般的釹磁鐵在超過200℃的高溫下驅動，會失去磁性。釹磁鐵不耐熱，因此，我們會搭配特別的元素——鏑，但鏑元素是非常稀有的資源。我目前從事的研究是「**不使用鏑等資源有限的元素，而以一般較常見的元素取代，生產混合動力車、電動車專用的磁鐵。**」

這項研究，在日本投入了龐大的國家經費。研究最大的目標是，在日本「**元素戰略**」國家計畫下，**以一般常見的元素替代稀少、特定的元素，而仍能表現出特定的機能**。

的確，想要產品表現出優異的特性，很多情況都需要稀有元素。例如，觸媒需要高價的鉑，強力磁鐵需要稀土元素（rare-earth element）釹、鏑等。而「元素戰略」目標就是不使用這些稀少高價的元素，而仍能表現催化機能、磁鐵特性。在「**現代鍊金術**」的口號下，現在日本有更多研究專家接受國家研究的補助。

到底說來，「元素戰略」本來就是日本在2004年由JST（日本科學技術振興機構）召集知名科學家、研究專家所提倡的概念，並由玉尾皓平先生、村井真二先生、細野秀雄先生等傑出人才的協助，於2007年文部科學省、經濟產業省分別對「元素戰略計畫」和應用於產業的「稀有金屬替代材料開發計畫」公開招募研究。

我自己有幸參與這兩項計畫，以釹磁鐵的微結構和磁特性的基礎研究，展開最高水準的「奈米解析技術」。

再來，日本文部科學省於2012年成立元素戰略的〈研究部門〉，針對元素戰略中對日本產業最為重要的「永久磁石」、「電池觸媒」、「電子材料」、「結構材料[1]」

1 材料可分為結構材料與功能材料，結構材料擁有較好的力學性能，例如強度、韌性、耐高溫等等。功能材料則是具有電、磁、熱、光等物理性質或化學性質的材料。

等四個領域，設立開發目標，推進基礎研究。

幸運的是，以永久磁石為研究主題的「元素戰略磁性材料研究部門（ESICMM）」，成立於我所屬的物質材料研究機構（NIMS）中，與日本東北大學、產業技術綜合研究所（AIST）、東京大學、大阪大學、京都大學、高能量加速器研究機構（KEK）、高輝度光科學研究中心（JASRI）、名古屋工業大學等機構攜手合作，致力於結合「理論、解析、創造」次世代磁鐵開發基礎研究，以及培育次世代磁鐵研究的人才。

這個部門除了研究不使用鏑的磁鐵開發之外，也致力於全新磁鐵材料的探索。然而，近半個世紀以來，稀土磁鐵全方面的研究探索幾近飽和狀態，繼釹磁鐵後，想要有進一步的突破，理論、計算研究的引進是不可或缺的，所以我們也將磁性化合物的理論研究列為重要課題。

今日，日本許多材料系、物理系、化學系的研究專家都參與這些計劃，致力於次世代的磁鐵研究。在這樣的背景下，日本加速整頓優異的磁鐵研究環境，現在的研究等級絕對是世界第一。當然，新材料的發現並非易事，但想要找到突破口，從不同領域研究專家的視點切入相同的研究課題，也是非常重要的事情，至少日本具有這樣的環境。

為什麼要寫一般大眾閱讀的「磁鐵科普書」呢？

本書除了介紹磁鐵的基本機制，並避開艱澀的概念，以簡單易懂的文字，將令人驚豔的最尖端磁學研究傳達給一般大眾認識。

因此，本書的背景設定為「一家公司新進員工拜訪我的研究室，向我詢問關於磁鐵的問題，同時學習磁鐵的用途以及研究狀況」，登場人物以對話的方式進行解說。認識我的人大概會感到驚訝吧，「平常總是用專業術語說些不明所以的研究專家，怎麼能寫出這樣簡單易懂的書籍呢？」沒錯，本書的完成多虧了共同作者兼科普寫手——本丸諒的努力結果。

推進元素戰略的JST，每年都會舉辦「元素戰略」成果發表會。在2013年舉辦的成果發表會上，於本書屢次登場的釹磁鐵發明者——佐川真人先生進行中心思想的演說，分享自己開發釹磁鐵的經過，我也進行了研究主題成果發表。在發表會上，聽聞我發表內容的本丸先生，走到我的座位旁，向我提出邀約：「以最尖端磁鐵研究專家的身分，簡單易懂地向一般大眾解說研究內容，你有意願出版這樣的書籍嗎？當然，除了磁鐵的機制、用途之外，研究專家朝著目標，會進行什麼樣的研究？希望本書也包含這樣的內容。」這就是本書誕生的契機。

雖說如此，我身為研究專家，研究和原創論文已使我忙得焦頭爛額，所以，「我沒有時間寫一般大眾啟蒙書。」拒絕了邀約。但是，本丸先生提問，我口頭回答，再由他寫下內容，最後由我來修稿——本丸先生提出這樣的共同創作方式。這樣，我不會壓迫到本業，也能夠著手進行出版，於是我接受了提案。

然而，實際上，我每天都忙於研究活動，幾乎撥不出時間，但最後還是努力完成了這本書。從開始到結束花不到兩年的時間完成本書，真的是一個奇蹟。

重新翻閱本書，內容超乎我想像的容易理解，我也受教不少。可說是「解說寶野、編著本丸」的一部合作大作。

以我為首，一些研究專家拿著國民的稅金，作為資金進行研究。對於這些研究專家來說，向一般大眾解說自己研究意義的「**推廣**」活動，也是非常重要的事情。對研究專家來說，JST的各種計畫給予了他們推動大規模研究的機會。同樣地，我所屬NIMS的元素戰略材料研究部門，向世人說明研究內容，也是責無旁貸。

作為元素戰略上磁鐵的研究專家，本書是否也盡了一份推廣活動的義務呢？完成本書的現在，我感到安心了。

2015年6月

著作代表人　寶野和博

目錄

第1課節

縱觀磁鐵的開發史

第2節課 學習磁鐵的基礎！

第3節課 磁鐵的製造與應用

第4節課 磁性的運用

第5節課

挑戰終極製造——釹磁鐵

第6節課

磁鐵研發之道——進入原子級的領域

第7節課 進入釹磁鐵實驗室！

第0節課

序幕

產業新人磁鐵研習營，開課！

磁鐵新手齊聚一堂

——老師，今天我們來到日本筑波大學，想要向你請教「磁鐵與磁力的世界」。這次的產業新人研習，集結了約10名各公司的員工，還請你多多指教。

——（全員）請老師多多指教。

好的，我事前已得到通知。包括汽車公司、家電製造商、馬達&硬碟（hard disk drive）製造商等等，大家從不同公司來這裡學習「磁和磁力」。磁鐵又稱磁石。我還聽說，除了磁鐵的課程之外，你們也希望知道研究室平時的研究方法。研習課程這樣可以嗎？

分解馬達，可以發現裡頭裝有磁鐵

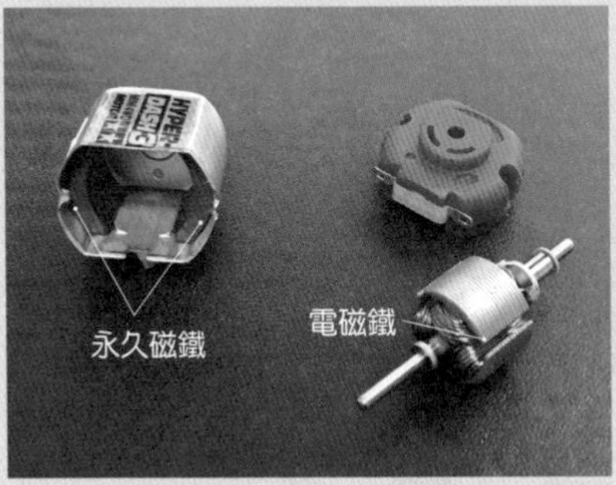

——沒有問題。我是今年大學畢業隨即進入馬達製造公司上班，聽說馬達和磁鐵有關係，所以……

咦？（驚訝）。在馬達公司上班，卻不知道馬達和磁鐵的關係嗎？把馬達拆開，你瞧，磁鐵是這樣裝進裡頭的。什麼？你沒有看過？原來如此，關於磁鐵的課程，看來我必須從基礎課程這部分開始講解……

我知道了。

產品中無數的磁鐵

——我在汽車公司上班，汽車和磁鐵也有關係嗎？

嗯……1台車大約裝有100個以上的馬達喔。

汽車內部的釹磁鐵和鐵氧體磁鐵

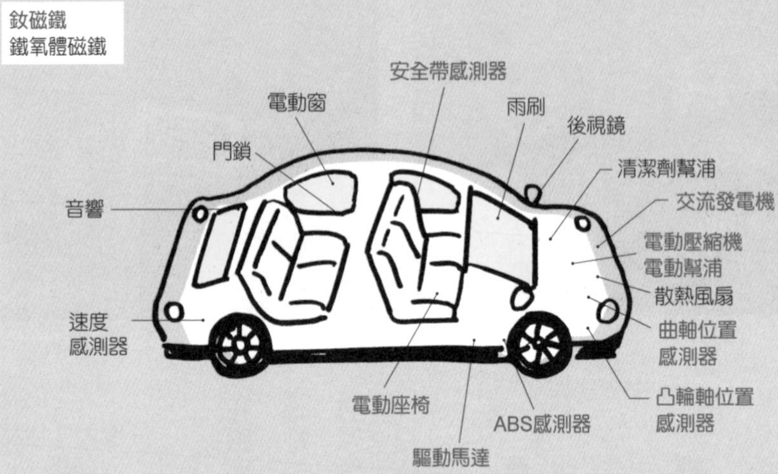

如同剛剛說「馬達裡頭裝有磁鐵」，汽車也可以說是需磁鐵驅動的。除了馬達之外，感測器也使用了磁鐵。上面僅是一部分的示意圖。

——最新的混合動力車、電動車也裝有磁鐵嗎？

過去引擎車的「馬達」主要使用在雨刷、電動窗等地方，所以「便宜的鐵氧體磁鐵」、「黏結磁鐵（Bonded Magnet）」就足以應付。關於磁鐵的種類以後會再做說明，這邊請先注意即可。

但是，從引擎車轉為混合動力車、

電動車後，汽車的驅動變成以馬達為中心。若沒有「驅動馬達」，電動車完全起動不了。再加上油價上漲，所以也引進「再生煞車（regenerative brake）」系統，以踩煞車發電方式來使電池充電。

這些需要強大力量的馬達，裡頭搭載了史上最強的磁鐵——釹鐵硼磁鐵，俗稱釹磁鐵。這類型的磁鐵需要添加「鏑」元素，才能在高溫下驅動汽車馬達。所以，我們也需要對元素有一些概念。研習目的不是來上化學課，只是要講解鐵和鏑兩種元素。

混合動力車、電動車以及最近蔚為話題的燃料電池車，高性能磁鐵將會主宰未來汽車的性能，甚至可以說，磁鐵決定汽車公司的命運。所以，大家今天才會收到主管的命令：「到筑波大學去研習！」

顛覆產品概念的磁鐵

——我任職於家電製造商……果然，家電裡也有裝設馬達磁鐵。

關於磁鐵的應用範圍，想要全部找出來，會沒完沒了，但我想日本家電厲害之處就在於，將他國沒有使用的高性能磁鐵納入產品設計。例如在美國，空調是使用便宜的鐵氧體磁鐵，產品體積不僅大，聲音也吵雜。日本的空調，令外國人最感到驚訝的地方是「體積小、靜音、節能」，這些特性正是來自於釹磁鐵的使用。

就「體積小、靜音」來說，洗衣機也有這樣的應用，帶來節能的效果。日本人一向理所應當認為，產品就是要靜音、小型化，因此磁鐵扮演著非常重要的角色。

——喔～幫助產品小型化。日本產品的「小型化」特色，原來關鍵就在於磁鐵。

過去有「輕薄短小」說法，而日本的強項就在於「小型、高性能」。例如，1979年Sony生產Walkman隨身聽，如果收錄音機體積一直是大型的，不會有人想要帶出門聽音樂。Sony Walkman使用了當時最尖端的高性能磁鐵「釤鈷磁鐵（samarium-cobalt magnet, SmCo）」，因而製造出來小型的隨身聽。小型且高性能的磁鐵「顛覆了產品的概念」。

——原來Walkman使用當時最尖端的磁鐵，我都不知道。進入HDD硬碟製造公司

硬碟（HDD）裡面使用了許多磁鐵

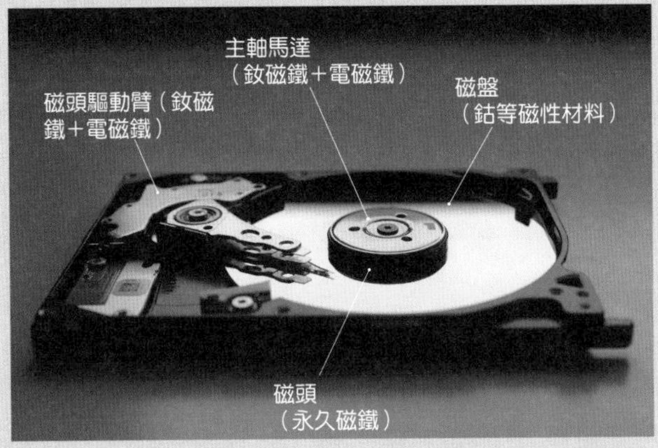

上班，我以為不會與磁鐵有關……

咦？沒有這回事喔。我原本想要等到後面再說，但HDD是磁鐵的集合體喔。HDD裡面有一種稱為磁盤的圓盤，啟動時會高速旋轉，你知道的。磁盤配置了無數奈米級的超微小磁鐵（磁性材料），用磁頭來讀取上面的「N、S」訊號，或寫入「0、1」數位訊號。

——真的嗎？好厲害！我真的不知道。高速寫入、讀取資料，酷！

你聽過磁頭驅動臂嗎？HDD的資料是用磁頭讀寫，而高速調整磁頭位置的，就是磁頭驅動臂，此處也使用了釹磁鐵。

——老師，我剛剛忘了問，在講汽車的時候，你提到的黏結磁鐵、釹磁鐵等磁鐵種類。

黏結磁鐵是一種在塑膠樹脂中摻入磁粉的便宜磁鐵。具有一定的磁力，有普遍而廣泛的使用。

釹磁鐵材料大部分是「鐵」，另外混合「釹、硼」等元素，或添加「鏑、銅」等來提高特性。材料的混合比例非常重要。順便一提，硼（B）是一種類金屬元素，屬於高價元素。

——剛剛你說「『釹』鐵硼磁鐵的材料大部分是鐵」，那為什麼還以「釹」來命名？

的確，如你所說。其實，磁鐵這東西必須以鐵、鈷、鎳等**鐵磁性體**為主而製造，才能形成強力磁鐵。然而，在命名的時候，幾乎所有的磁鐵都會因此成為「鐵磁鐵」、「鈷磁鐵」，無法區分差異。所以，在鐵中摻入釹的特殊磁鐵稱為「釹磁鐵」，在鈷中摻入釤的強力磁鐵稱稱為「釤磁鐵」，這樣比較容易理解。

——所以才叫做「釹」磁鐵啊。

「釹」舊稱為「釢」，但目前在化學週期表上標示的是「釹」。釹的原子序為60，屬於「鑭系元素」。

如同氦、鎂、鋁、鐳等元素，很多日文字尾都是「～ウム」，所以日本人一不小心就會多加「ウ」進去，誤唸成「釢」，由於英文是「neodymium」，發音「釢」好像也是

釹的保存

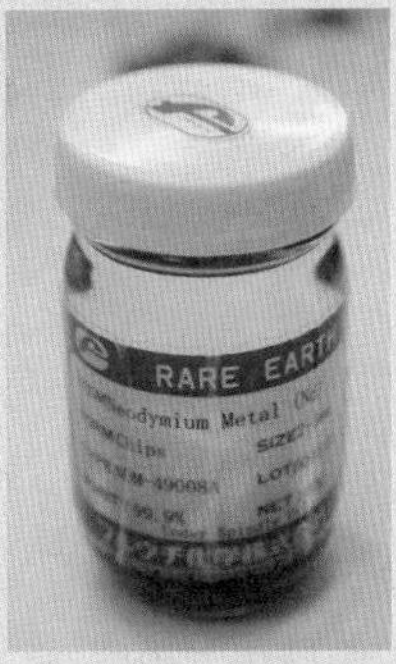

釹的活性高，不能接觸空氣，需保存於有機溶劑中（不可以保存於水中）。英文「neodymium」。

可以，但德語是寫成「Neodym」，所以後來都統稱為「釹」。
「釹」這個詞後面會出現幾百次，所以請記起來。

第1節課

縱觀磁鐵的開發史

1 磁鐵的開發

要說磁鐵的開發，還是由歷史角度切入最容易懂。磁鐵的各種課題、當時時代背景、人物風貌等，從歷史上都能看出端倪。

其實，在磁鐵的歷史上，日本人貢獻甚大。

然而，目前在功不可沒的日本，大學教授「磁鐵」狀況卻逐漸減少。縱使進入磁鐵製造商工作，從磁鐵製造中學習各種知識，但有系統、完整的學習機會卻幾乎沒有。

這節我們會從磁鐵的歷史講起，但我隨時會插入相關話題，多少會出現離題的情形，這點還請多多包涵。

——請問……有沒有「自然形成的磁鐵」？例如有些釘子會帶有磁鐵的性質。

嗯，有的。怎麼說呢？人類開始製造人工磁鐵，是在1917年的時候，到現在經過約100年時間。

其實磁鐵最早是在西元前300年左右，在希臘的馬格尼西亞州（magnesia）偶然發現的。馬格尼西亞的地名「magnet」意思就是「磁鐵」，這種自然形成的磁鐵，稱為**「天然磁鐵」**。

人工磁鐵第一人——本多光太郎

最早製造人工磁鐵的是日本人，這種磁鐵稱為**「KS鋼」**，由日本東北大學本多光太郎（1870～1954年）在1917年發明。從「KS鋼」的「鋼」字，可知使用鐵作為材料，也就是鐵鋼材料。證明了「鐵可以變成磁鐵」。

——不好意思，打斷一下，請問鐵和鋼哪裡不同？

這問題問得好。鐵製品大部分其實都不是「100%純鐵」，而是在鐵裡面添加其他元素的碳、矽、錳等，使鐵產生硬度、黏著度（韌性）等特性，因此可根據不同目的添加特定元素。這些鐵製品稱為「鋼」。

話說回來，由於「本多H」、「光太郎K」（日文拼音字首），所以本多光太郎發明的磁鐵應該稱作「KH鋼」才對，你們覺得為什麼會變成「KS鋼」呢？提示是「1917年、鋼鐵」，一起來動動腦。

——嗯……（汗）

沒有人說話，那我就公布答案囉。第一次世界大戰於1914年開戰，1917年時期，日本物資匱乏，想要繼續打仗，飛機、戰車、船、橋等必須有鋼鐵的自給自足。於是，1916年時，為了鋼鐵的研究，現在的日本東北大學（舊名東北帝國大學自然

1-1-1 本多光太郎，以及 2016 年迎接 100 週年的日本金屬材料研究所

日本東北大學金屬材料研究所，1922年左右拍攝

1937年，獲得文化勳章的本多光太郎
照片提供：日本東北大學史料館

科大學）成立了臨時理化學研究所第2部門（以鋼鐵研究為中心）。

現在，日本東北大學金屬材料研究所（1922年設立），通稱「金研」，堪稱金屬和磁鐵的聖地。研究所設立時期，由於住友財團大量捐款，因此以當時住友財團領導人的名字，住友（S）吉左右衛門（K）的日文拼音首字命名為「KS鋼磁鐵」，算是報答資金援助的恩情。

日本稱本多光太郎為「鋼鐵之父」，而就製造世界第一個人工磁鐵的意義來說，也可以稱他為「磁鐵之父」。現在日本對於金屬材料發展研究有所貢獻的人，會頒發「本多紀念獎」、「本多開拓者獎（Honda Frontier Award）」。另外，本多先生門下優異學生有村上武次郎、增本量、茅誠司等，人才輩出。

KS鋼磁鐵主要使用的材料是「鐵」，其他混合鈷、鎢、鎢碳等金屬（元素）。是一種「合金」。

「為什麼純鐵無法製造磁鐵？」、「為什麼鐵是磁鐵的主要材料？」想想這些問題，等下聽講可以發現到更多事喔。

羅盤指向「北．S極」

——磁鐵的主體是「鐵」。

沒錯。自然形成的磁鐵稱為「天然磁鐵」，主要是由岩石中「磁鐵礦」組成。磁鐵礦能夠吸引鐵棒之類的東西。磁鐵有「N極、S極」兩磁極，羅盤（指北針）就是利用這個特性。

羅盤的「N」指針一直指向「北」，歐洲在12世紀左右，便將羅盤使用於航海。夜晚有北極星可以確認方位，但白天若沒有羅盤，遠洋航海是項艱鉅的任務。哥倫布發現新大陸、麥哲倫環遊世界一周，若沒有羅盤，都很難達成。中國《三國志》著名的諸葛亮，也是使用羅盤來測定方位。

——北極是「North」，所以北極是N極。

不對，這個想法是錯誤的。由於磁鐵的N和S會相互吸引，N和N、S和S會相互排斥。羅盤的指針也是磁鐵，N極會受到吸引而指向S極，所以「北極是S極、南極是N極」。很多人都誤解這件事。

1-1-2 羅盤指向北，是因為北極為 S 極

你有自己試驗過嗎?指北針很便宜，或者可以用手機app指出北極，你可以試試看。正確的觀念是「因為北極是S極，所以指北針的N極會指向北方」。

「高熱的鐵↓急速冷卻」製造磁鐵

製造ＫＳ鋼的時候，我們首先會高溫加熱鐵，再放入水中瞬間冷卻（急速冷卻）以製造磁鐵。

這方法也適用製造刀子、菜刀等。刀子「除了硬度，也要求韌性」。在刀光劍影之下，刀子若容易斷掉，那可就慘了。所以，過去的人由經驗得知，以淬火（加熱刀身到溫度８００℃左右）、回火（放入水中瞬間降低溫度）來調節溫度，可增加鐵的強度與黏著度（韌性）。

鋼鐵的製造便是應用這個經驗。這樣我們就能夠理解，本多光太郎在製造鋼鐵的過程，為何會得到「人工磁鐵」副產物。

本多光太郎證明了「磁鐵能夠人工生產」，接著邁入磁鐵的開發競爭時期。前面提到，ＫＳ鋼除了鐵，還加入鈷、鎢、鎘、碳等物質。然後，一些研究專家突發奇想：「試著在鐵中加入各種元素，並改變加熱的溫度，會如何呢？」

1-1-3
磁鐵開發的歷史與經過

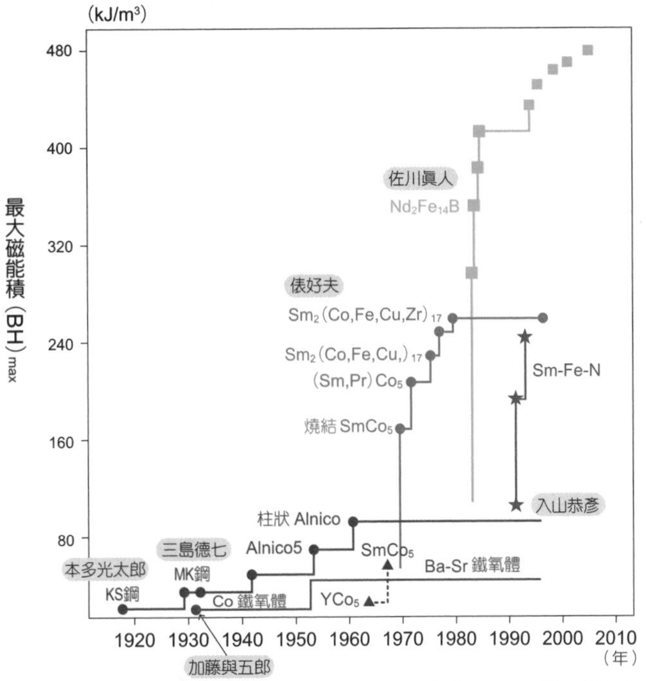

「**最大磁能積（BH）max**」表示磁鐵的性能指數，又稱為「能量密度」，單位為「每立方公尺有多少千焦耳＝kJ/m³」

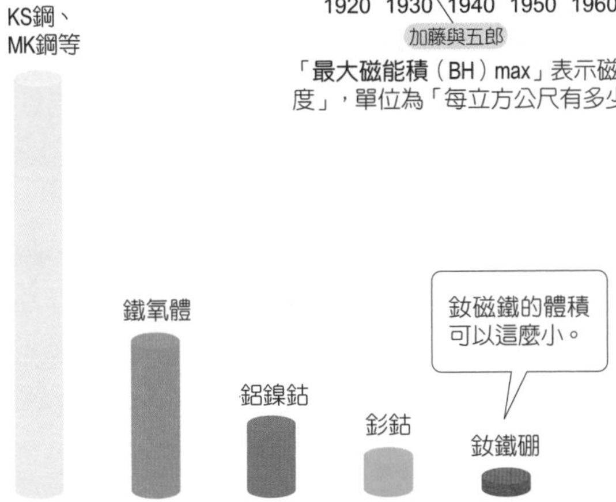

1-1-4
最大磁能積相同時的磁鐵大小比較

出處："Advanced Materials" (2011, Vol.23), O.Gutfleish等人

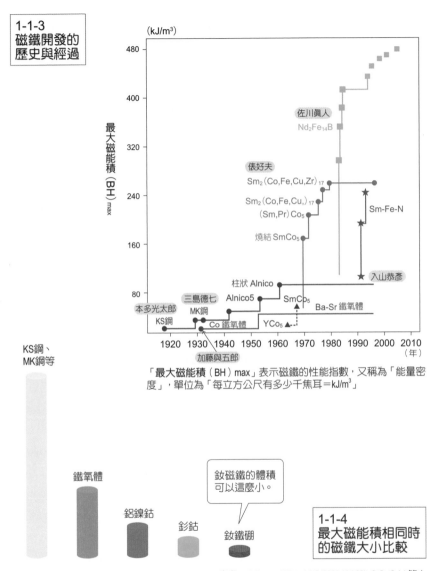

Column

瓦斯爐加熱磁鐵

你知道磁鐵不耐熱嗎？我小的時候，家裡有七輪烤爐，家人會在裡頭添加煤炭燃燒，再將水壺放在烤爐上燒開水。

我小時候調皮，將磁鐵放入燒得透紅的煤炭玩，看到磁鐵整個變紅，再把它拿出來，結果原本強力磁鐵，卻變得完全沒有磁性了，連釘子都吸附不住。小的時候便從玩樂中學到「磁鐵不耐熱」。

現在已經沒有家庭在使用煤炭了，但我們可以拿鑷子或夾子夾到瓦斯爐上加熱，磁鐵也會失去磁力。讓我們來做個簡單的實驗。

首先，準備一塊磁鐵。在此使用研究室中的釹鐵硼磁鐵（釹磁鐵）（①），這是史上最強的磁鐵。順便一提，雖然稱為釹磁鐵，但材料大部分還是鐵。

這一小塊釹磁鐵，也能夠吸起老虎鉗（②）。事實上還可以吸起更重的老虎鉗，但用鑷子不好拿，在此我們只需要知道「這是磁鐵」就可以了。

接著，將這個釹磁鐵拿到家用瓦斯爐上烘烤。瓦斯爐出現藍紅色的火焰（③）。一

家庭瓦斯爐「消磁」實驗

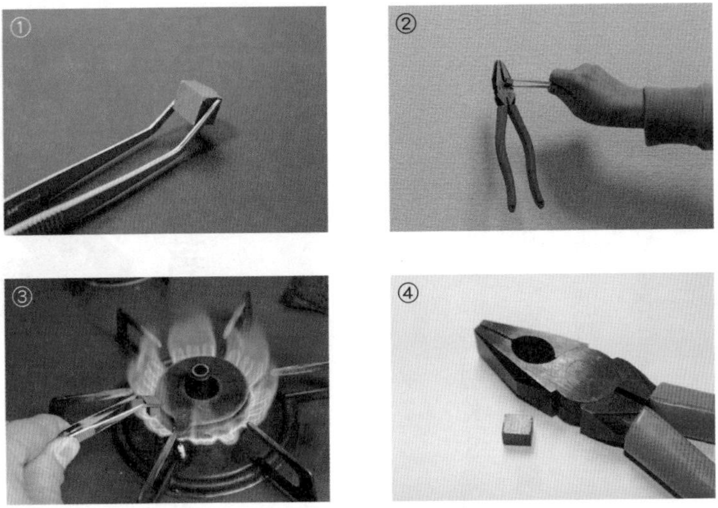

①用鑷子夾住小塊釹磁鐵，②輕鬆吸起老虎鉗，③但經過瓦斯爐加熱，④失去吸引老虎鉗的磁力

般家用瓦斯爐火焰溫度大約在1700℃~1900℃左右，因此加熱磁鐵溫度應該可上升到800℃左右。

然後，將老虎鉗靠近磁鐵旁邊，可見兩者完全沒有吸附在一起（④），證明磁鐵失去磁力。這個過程稱為「**消磁**」。把磁鐵放著，自然情形下不會恢復為磁鐵，但經過「**充磁**」可以恢復磁鐵功能。

2 KS鋼接著是MK鋼！

接著，在本多光太郎發明KS鋼以後，1931年，東京大學三島德七（1893～1975年）發明「MK鋼」。這是比KS鋼還要強力的磁鐵，由「鐵、鎳、鋁」組成。另外，雖然發明者是三島（M）德七（T），為什麼卻命名為「MK鋼」呢？這是由「Mishima-Kizumi」字首（養父母三島家和生父母喜住家）組合而成的名字。

本多光太郎也不落人後，繼對手發表強力又便宜的MK鋼後來，他也在1934年發表同等級的新KS鋼。研究開發需要有相互較勁的對手，他們倆人就是最佳例證。

鋁鎳鈷合金磁鐵的生活應用

繼MK鋼、新KS鋼以後，促進日本成果發展的是，強力磁鐵的**「鋁鎳鈷合金磁鐵」**。鋁鈷鎳合金是指「含有鋁、鎳、鈷（Al-Ni-Co）的鐵合金磁鐵」，特色是使用了鐵和鈷，直到現在仍然使用在音響、測量器等機械中。使用鋁鎳鈷合金磁鐵的音響，音質比較好，這是音響宅之間的常識，但沒有任何科學根據。

說到磁鐵，大部分的人只會想到使用在馬達、音響等工業產品吧，但磁鐵可以使用的地方意外的多。你們知道磁鐵怎麼使用在農畜產業上嗎？

——老師是不是說牛的事？我老家從事酪農業，父母會讓牛吞食磁鐵。

沒錯。酪農業常使用的就是鋁鎳鈷合金磁鐵。牛隻大量吃草，但偶爾會誤食釘子、鐵絲，釘子可能會刺傷牛的胃部。

農家會讓牛隻吃一些鋁鎳鈷合金磁鐵，用來吸附誤食的釘子，接著定期會回收鋁鎳鈷合金磁鐵。端看你怎麼使用，磁鐵能應用的地方很多。

便宜而廣泛使用的鐵氧體磁鐵

前面所講的ＫＳ鋼、ＭＫ鋼、鋁鎳鈷合金磁鐵，都是金屬類的磁鐵。這邊來介紹不同類型的磁鐵——**「鐵氧體磁鐵」**，這種磁鐵也是仍然使用在各處。

鐵氧體磁鐵始於１９３０年東京工業大學加藤與五郎、武井武發明的鈷鐵氧體磁鐵，後來經由飛利浦實用化，於發明ＭＫ鋼（三島德七）的一年前（１９３０年）公開於世。

鐵氧體是指「使用氧化物製造的磁鐵」。從前都是認為「磁鐵即為金屬」，但當時證明了「氧化鐵也可以為磁鐵」。氧化鐵就像鐵鏽。磁鐵屬於金屬類，但生鏽會失去磁力，所以最後通常會進行鎳等表面塗層加工，但鐵氧體磁鐵不需要這個步驟。

總之，**「生鏽的鐵可變為磁鐵」是一個世紀大發現。**這個鐵氧體磁鐵，現在於工業材料中大量使用，可說是磁鐵的代表性產品。

鐵氧體磁鐵的最大特色是材料成本便宜。鋼鐵的製造過程會出現廢物（副產物），產生大量的鐵氧化物。這些鐵氧化物可以作為鐵氧體磁鐵的原料。例如製造豆腐會產生大量的大豆殘渣「豆渣」。過去幾乎可以免費取得，但最近健康飲食風尚，日本超市開始販售烹飪用的豆渣。同樣的情形，鐵的氧化物可以大量、便宜地提供，供應鐵氧化體磁鐵的材料。

鐵氧體磁鐵的誕生源於意外

鐵氧體磁鐵的製造方法，是加熱固化便宜的鐵氧化物，以燒結法來製造磁鐵。這種磁鐵稱為**「燒結磁鐵」**。鐵氧體磁鐵非常便宜，可以使用在很多地方，例如汽車零件的馬達、雨刷等不要求高性能的部分，雷射印表機感光滾筒、音響等，鐵氧體磁鐵可以應用在各種地方。

然而，單就性能來看，如同39頁1-1-3圖表，鐵氧體磁鐵的最大磁能積只有每立方公尺40K焦耳（/m^3），相較於前面金屬類鋁鎳鈷磁鐵為100K焦耳（/m^3），鐵氧體的性能明顯較低。關於最大磁能積的正確意義，等一下說明，現在先來討論「磁鐵的性能指數」。將磁力強度大致排序，依序為①釹磁鐵，②釤鈷磁鐵，③黏結釹磁鐵，④鋁鎳鈷磁鐵，⑤鐵氧體磁鐵……。

荷蘭飛利浦公司在1932年取得鐵氧體磁鐵專利，實際上只應用在無線電上，世界上最早完成實用化的則是日本東京電器化學工業（現TDK）。

若能將這個鐵氧體磁鐵的磁能積，提升近至100K焦耳（/m^3），這種便宜又豐富的材料將會帶給產業界重大衝擊。

從「一不小心」錯誤產生重大發現的例子，在歷史中不勝枚舉，鐵氧體磁鐵也是其中之一。據說，武井武博士有一天回家，不小心忘記關掉實驗裝置電源，隔天進實驗室，發現鐵氧體竟然產生強大的磁力。

3 強而有力的稀土磁鐵

提升磁鐵性能的稀土元素

進入1960年代，出現更令人驚豔的磁鐵——「稀土磁鐵」。

在這之前都是鐵磁性的「鐵、鈷、鎳」3種元素受到關注，但當時開始將眼光放向釤、釹等奇異的「稀土元素」。人們發現，**在鐵、鈷等磁鐵主材料中摻入稀土元素，磁鐵性能會快速上升。**

稀土元素（rare earth element）又稱為稀土金屬，共17個元素，其中15個元素屬於週期表中的鑭系元素。

「鐵磁性金屬＋稀土元素」強度增強2倍

接著，1966年左右，美國空軍材料研究所賀佛爾（Hoffer）、斯特爾納德（Strnadt）聯合發表，鈷（鐵磁性Ferromagnetism）摻入稀土元素釔（Y）的化合物帶有永磁特性，可作為磁鐵之用。由這個研究可知，利用稀土元素，我們可以製造性能良好的磁鐵。70年代左右，嘗試在鈷中混入另一種稀土元素——釤（Sm），結果磁鐵的性能大幅提升。參閱39頁圖1-1-3圖表，之前原本還存在著「100K焦耳的障壁」，「釤＋鈷」磁鐵的磁能積（BH）卻表現為180K焦耳（/m^3），急速上升接近2倍。這種磁鐵稱為**「釤磁鐵」**或者**「釤鈷磁鐵」**（釤鈷合金磁鐵的簡稱）。

從此以後，磁鐵開發的時候，都會在「鐵、鎳、鈷」等鐵磁性金屬中，混入某些稀土元素。這類有著壓倒性磁能積的磁鐵，特別稱為「稀土磁鐵」，英文是rare earth magnet。

1-3-1 磁鐵的保磁力

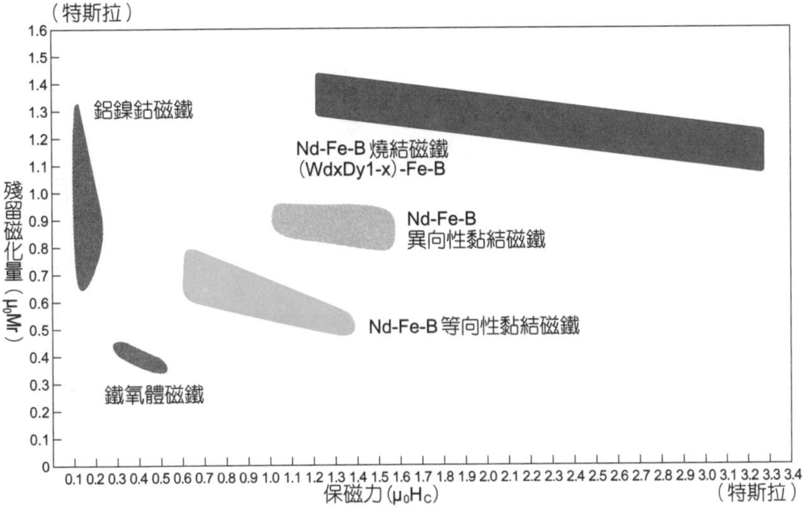

釤磁鐵原來是美國發明，後來日本人則在稀土磁鐵方面有所貢獻。在圖1-1-3圖表中，有著Sm_2（Co, Fe, Cu, Zr）$_{17}$元素組合複雜的磁鐵。這是比例Sm為2，其他鈷（Co）、鐵（Fe）、銅（Cu）、鋯（Zr）為17共同組成的合金，非常精細的組成。這樣複雜的元素組合，能夠增強磁鐵的性能。

下面不會出現比這種合金更複雜的化合物，但由於每次出現都要說「釤2、鈷17、鐵17……」過於麻煩，所以我們把它簡寫為Sm_2（Co, Fe, Cu, Zr）$_{17}$。

《沙拉紀念日》與釤鈷磁鐵

發明這個Sm_2(Co, Fe, Cu, Zr)$_{17}$磁鐵，是活躍於松下電器、信越化學的工業磁性研究所長——俵好夫博士。聽到「俵」這個姓，你是否聯想到什麼呢？

——「俵先生」？嗯……是誰啊？

嗯~現代20幾歲年輕人可能不知道。你們父親那個年代的人聽到「俵」，應該該會想「該不會是……？」也就是1978年一本日文暢銷書《沙拉紀念日》短歌集，作者俵方智老師，她的父親就是俵好夫博士。其實，在《沙拉紀念日》中，也有這樣一段文字：

父親之名雋刻於東北博物館
曾幾何時父親「世界最強」磁鐵望風披靡

週一早上挑選領帶的磁性材料研究所長
書中登載了幾首以父親——俵好夫博士為題的短歌。

第一行「東北博物館」，是我自東北大學學生時代以來，還存在的建築物。過去，日本金屬學會有自己的金屬博物館。在跨過東北大學山上，日本金屬學會有自己的大樓，當時作為博物館使用。但是，因為博物館人員減少，參訪人數也少，現已廢館，博物館裡的資料則轉移到東北大學綜合學術博物館保存。

——不可思議的是，為什麼東北大學會盛行金屬、磁鐵的研究呢？

這大概和本多光太郎在日本東北地方——仙台設立現在的金屬材料研究所（東北大學附設研究所之一），進行研究有所關連。東北大學在金屬、磁鐵方面有著較深的歷史淵源，日本金屬學會的根據地也因此不在東京，而在仙台。這真的是很少見的情況。

雖然金屬材料研究所現在仍位於東北大學，但研究所的設備除了東北大學使用之外，也開放全國各大學共同使用。日本各地也有類似的設施，人們稱為「共同利用研究所」、「共同研究中心」，例如東京工業大學應用陶瓷研究所、大阪大學核物理研究中心等等，全日本就有80所左右。金屬材料研究所也是其中的一所。

產業是學術的道場

本多光太郎不是工學系，而是理學系的物理學教授，當時理學系的物理學科備受日本產業界的青睞。本多光太郎因此發出這樣一句話：

「有學術的地方就會培育技術；有技術的地方就會發展產業，**產業是學術的道場。**」

一般人對大學教授的印象大多是，在學**術**之府裡閉門造車，但「除了工學系，理學系的老師也必須關心外界產業才行。」儘管當時國家貧乏，卻還是建立理學系這樣的基礎科學學系，這大概是對理學系抱有期待，「希望專業研究能回饋產業」之故。

說到當時的工學系，就會聯想到與鐵路製造相關的土木、建築、電力等領域。所以，就「意識出口（產業上的應用）」來說，工學系和理學系其實可說很接近。

前面提到《沙拉紀念日》中「曾幾何時父親『世界最強』……」，稀土磁鐵曾為世界最先進、最強，紅極一時，但磁鐵開發如火如荼地展開，父親的磁鐵轉眼間便被趕下世界第一的寶座了……文字內容述說著體恤父親遺憾的兒女情懷，以及稀土磁鐵開發競爭激烈的故事。

俵好夫博士曾多次造訪物質材料研究機構（NIMS）研究室，和我分享許多關於釤鈷磁鐵的事情。

如同上述，日本人在磁鐵方面的貢獻卓越。若在前面圖表1-1-3上以旗幟來標示日本人對哪些磁鐵有所貢獻，那應該會插滿日本國旗。磁鐵可說是日本的拿手絕活。

4 釹磁鐵的誕生！

釤鈷從「磁鐵之王」跌落的日子

——原本「稀土磁鐵」幾乎都是加入鈷，但後來卻變成鐵，這是為什麼呢？

你注意的地方很好。前面提到鐵磁性的元素有「鐵、鈷、鎳」，當時認為「加入鈷的磁鐵最強」，一些磁鐵都加入鈷。鎳磁鐵中也使用了鈷，邁入稀土磁鐵時代，「鈷是磁鐵之王」，那時在鈷中混入稀土元素為主流。

雖然稱為「釤磁鐵」、「釤鈷磁鐵」，但相較於釤元素（稀土元素）實際的使用量，鐵磁性的鈷還是壓倒性的佔多數，如同前面所說，我們需要大量加入磁性強的金屬，才有辦法製造強力的磁鐵。

因為這個原因，鈷被大量使用。順便問你，你知道哪裡可以開採鈷呢？

——美國或者中國吧？

鈷（Co）大多開採於非洲的剛果（薩伊[1]）、尚比亞等俗稱銅帶省（Copperbelt）地區。Copper是「銅」的意思，在開採銅的同時，也會得到副產物鈷。1960年代，日本的鈷輸入仰賴剛果，但在70年代時剛果地區發生衝突，鈷的供應緊縮，價格急速抬升。

由於鈷的價格急漲4～5倍，不久便出現供應危機，磁鐵業界前途茫茫。所以，人

1 剛果民族共和國的國名。

1-4-1 各種磁鐵的元素組成

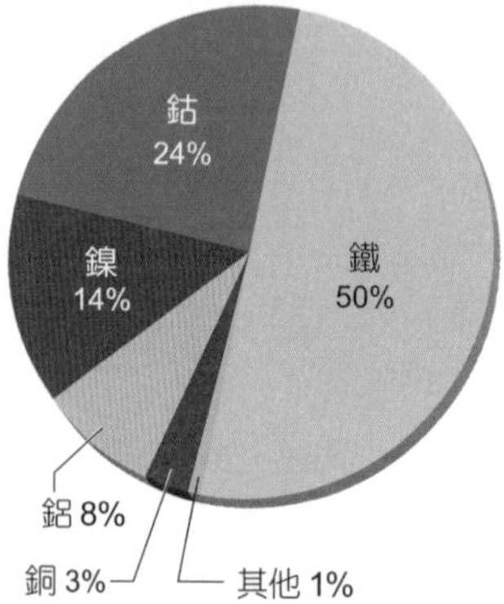

● 鋁鎳鈷磁鐵
（鐵50～51%、鈷24%、鎳14%、鋁8%、銅3%、其他）

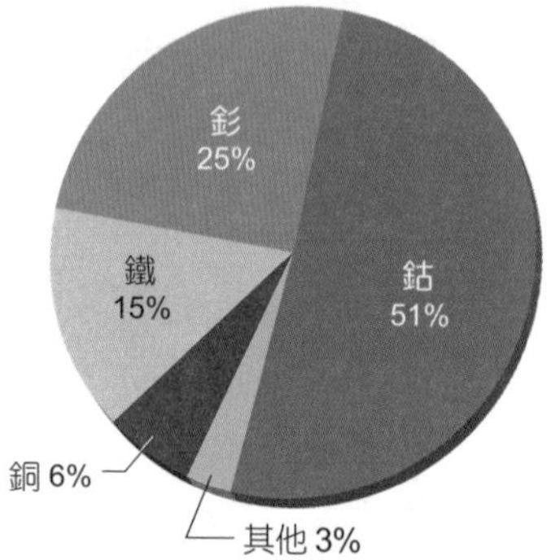

● 釤鈷磁鐵
（鈷51%、釤25～26%、鐵15～17%、銅6%、其他）

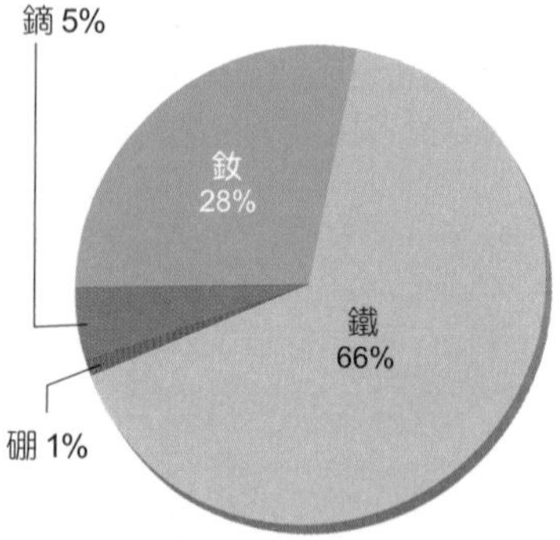

● 釹鐵硼磁鐵
（鐵66%、釹28%、鏑5%、硼1%）

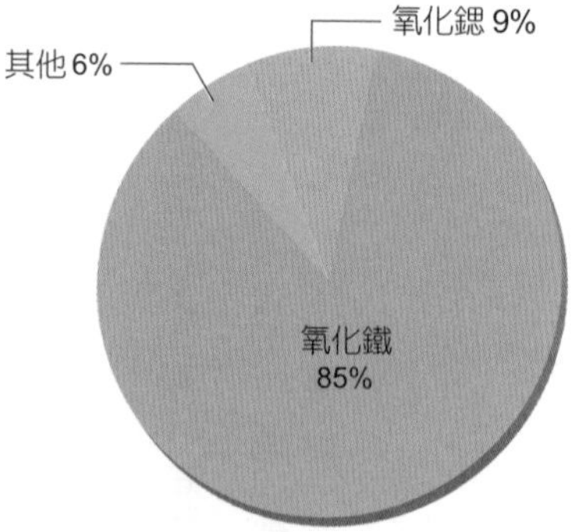

● 鐵氧體磁鐵
（氧化鐵85～86%、氧化鍶9～11%、其他）

1-4-2 日本的鈷進口大半仰賴剛果（2014年）

（單位：噸）

國　名	生產量
剛果（金夏沙）	56,000
中國	7,200
加拿大	7,000
澳洲	6,500
俄羅斯	6,300
古巴	4,200
菲律賓	3,700
尚比亞	3,100
巴西	3,000
南非	3,000
新喀里多尼亞	2,800
其他	9,500
統計（概算）	112,000

國　名	蘊藏量
剛果（金夏沙）	3,400,000
澳洲	1,100,000
古巴	500,000
尚比亞	270,000
菲律賓	270,000
加拿大	250,000
俄羅斯	250,000
新喀里多尼亞	200,000
巴西	85,000
中國	80,000
美國	37,000
其他他	750,000
統計（概算）	7,200,000

資料出處：「MINERAL COMMODITY SUMMARIES 2015」

們才會將注意轉向鐵磁性材料中最便宜且容易磁化的「鐵」。至此以後，研究專家、廠商之間達成共識「使用鐵來製造磁鐵」。

所以，距今40年前，日本展開了「元素戰略」研究。

最強釹鐵硼磁鐵

話說回來，你們知道元素總共有幾個嗎？

——90個左右？還是100多個吧？

1-4-3 週期表元素只使用到 3 種元素來製作磁鐵

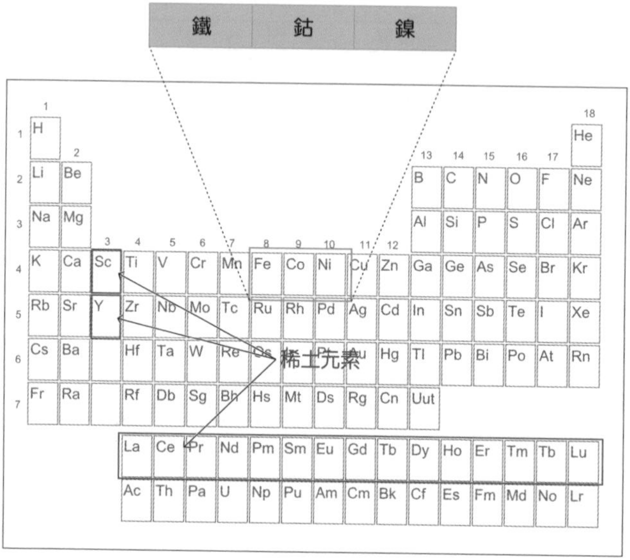

包含還未命名的元素在內，目前總共有118個元素，教科書上的週期表主要介紹110個左右。但是，普通存在於自然界的，的確只有90個左右。

但是在所有元素當中，可作為磁鐵本體的鐵磁性元素，只有「鐵、鈷、鎳」三種。雖然其他稀土元素，例如釓（Gd原子序64）在室溫下也有鐵磁性，但資源量稀少，就磁鐵的材料來說，缺乏商業價值。即便從週期表中自然存在的90種元素尋找，能作為磁鐵材料的只有這三個元素，選擇不多。

於是，世界上磁鐵的研究專家

1-4-4 稀土磁鐵的組成

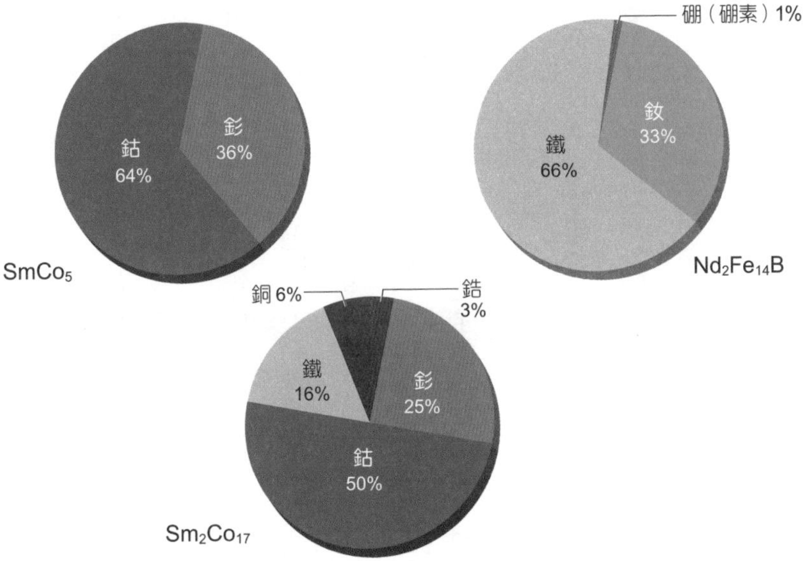

1-4-5 各種元素的蘊藏量

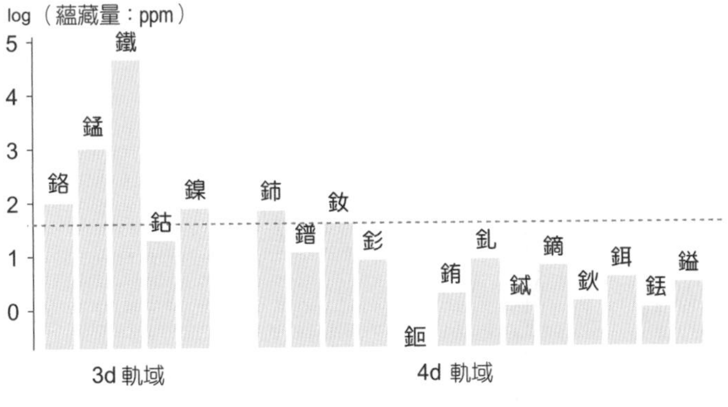

出自：M. Coey, IEEE Trans Magn. 47, 4671 (2011)

在鈷供應不穩定、價格飛漲的時期，就將目標轉向以「鐵」製造更高性能的磁鐵。

在這樣的背景下，佐川真人先生於1982年發明了**「釹鐵硼磁鐵」**，又稱「釹磁鐵」，是以磁鐵製造法中優異的燒結法製造，歷經30年至今，釹磁鐵仍然是史上最強的磁鐵。

佐川先生在富士通工作的時候，注意到「釹2：鐵14：硼1」組合能夠製造強力磁鐵，後來他從富士通轉任住友特殊金屬公司（現為日立金屬），便發明了釹磁鐵，用短短不到2年的時間，在1984年成功商業化，就是現在這種磁鐵的來源。

雖然名字裡面有「釹」，但主要的成分當然還是「鐵」。由圖1-4-4的圓餅圖可知，釹磁鐵組成比例為鐵佔全體3分之2（66％），釹佔3分之1（33％），剩下為硼等其他元素。特色在於大量使用稀土元素，製作釹的強力磁鐵。

然而，明明是稀土（rare earth）元素，但由圖1-4-5可知，**釹的蘊藏量比非稀土的鈷還要多**。令人感到意外吧？可想而知，由於未來鈷會繼續大量運用在鋰電池上。這樣一來，相較於大量使用鈷的磁鐵，使用釹和鐵製造的磁鐵更具有資源上的優勢。另外，釤的蘊藏量大約只有釹的10分之1，即便釤鈷磁鐵在高溫用途上可取代一部份的釹磁鐵，釹磁鐵依然適合作為大量消費用的磁鐵。

另一種「釹磁鐵」

其實同樣在1984年，還有另一個人和佐川先生一樣發明釹磁鐵，那就是美國GM公司（通用汽車General Motors）的克羅托（Kroto），磁鐵的組成成份同樣是「釹2：鐵14：硼1（$Nd_2Fe_{14}B$）」。

——日本、美國不約而同，發明同樣的東西？

幾乎是同一個時期，但克羅托不是以燒結法製造微粉，而是另一種方法——**液態急冷法**。關於液態急冷法下面會再說明，以這種方法製造的磁鐵具有**「等向性」**。原本磁鐵的磁性朝向四面八方，沒有統一方向，對外發揮不了強大的磁力。將磁性方向不一致的釹磁粉以樹脂（plastic）固化，製成的磁鐵，我們稱為**「黏結磁鐵」**。

因為這樣，克羅托的釹磁鐵和佐川先生燒結法的釹鐵硼磁石，組成完全一樣，但磁力遠不如佐川先生的釹磁鐵。因此，「史上最強釹磁鐵的發明」殊榮，還是由佐川先生奪得。

觀看圖表（39頁圖1-1-3）最大磁能積，相較於過去被稱讚為最強稀土磁鐵的釤磁鐵，釹磁鐵有著兩倍的性能。

鐵是容易磁化的金屬。話說回來，你們知道「**磁性**」是怎麼一回事嗎？簡單說就是，「**材料本身內部擁有的磁化強度**」。「釹磁鐵」組成比例為「釹2：鐵14：硼1（$Nd_2Fe_{14}B$）」，鐵佔整體的17分之14，釹磁鐵全體有82％是由鐵組成。

如此，鐵佔的比例（濃度）愈高，磁鐵磁化量愈大（磁化量為單位體積中的磁矩總和），就結果來推斷，鐵可以作為最大磁能積較高的主要材料。

這是至今磁鐵的歷史。關於磁體的製法，下面會再詳加說明，這邊請先記住主要有「燒結法」和「液態急冷法（熱加工法）」兩種。

1-4-6 磁鐵製造有兩種方法：燒結法和液態急冷法

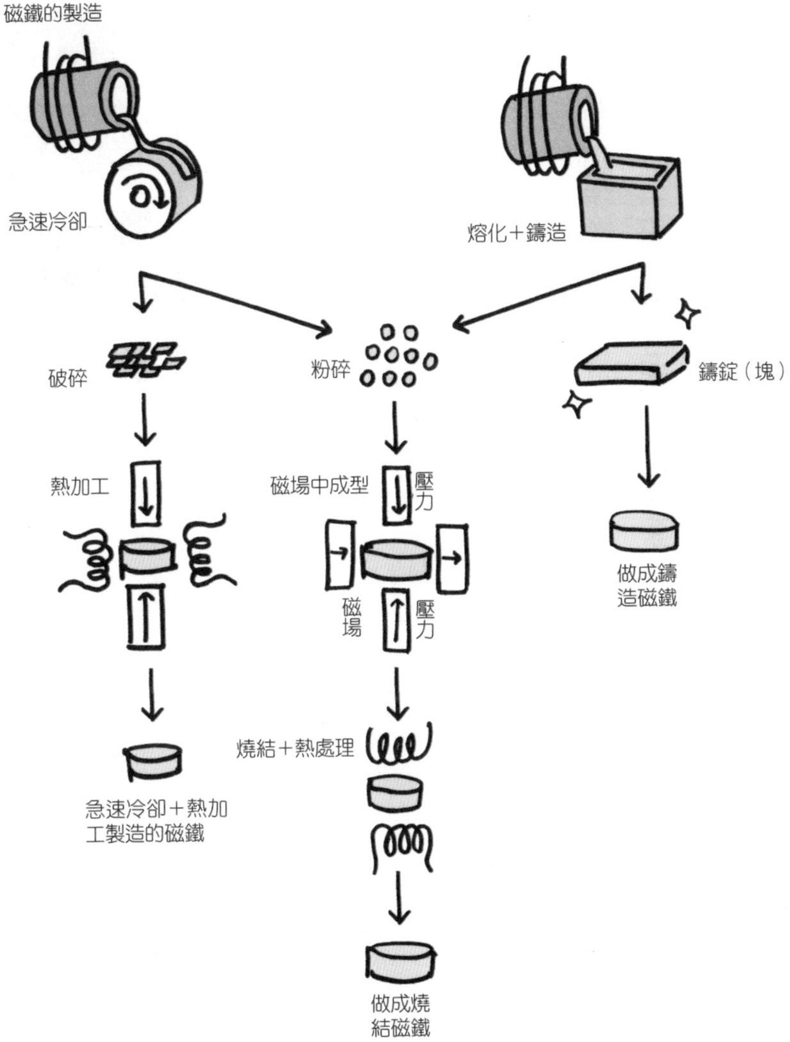

5 磁鐵的研究發展

——現在我們大致瞭解磁鐵的歷史，那麼老師你自己在做什麼樣的磁鐵研究呢？

前面提到鈷危機議題，但危機並不只限於磁鐵的原料。由於日本缺乏地下資源，而且，不像其他國家的一般產品、「商品化」產品在成本上，日本產業沒有辦法與新興國家競爭。

若不持續製造性能、機能出類拔萃的產品，日本的產業將無法立足。混合動力車、燃料電池車等就是典型的例子，如同這些例子，日本的高性能磁鐵從基礎支持日本各種最尖端產品，其中釹磁鐵的貢獻更是不容小覷。特別是在汽車領域，和傳統的引擎汽車不同，混合動力車、電動車、燃料電池車等等，主要都是依靠「馬達」驅動，裡頭使用的釹磁鐵將會是環境保護汽車的關鍵角色。

「不耐熱」是釹磁鐵的最大問題

話説回來，磁鐵不耐熱的特性，已經由前面的瓦斯爐實驗證實。其中，鐵等鐵磁性材料失去磁性的溫度稱為**「居禮溫度」**（居禮點），也就是磁性變為零的溫度，不同的材料，居禮溫度會不同。當然，並不是説一達到那個溫度，磁性就會瞬間變為零，而是隨著溫度上升，磁性漸漸衰弱。這個現象在各種材料的磁鐵上都會發生。只是，作為磁鐵素材，盡可能使用居禮溫度較高的材料會比較好。

由圖1-5-2可知，純鐵的居禮溫度為771℃，在鐵中摻入鈷（FeCo）則提升至937℃。釤磁鐵（釤鈷磁鐵：$SmCo_5$）的居禮溫度為747℃，但釹磁鐵在315℃時磁性會歸零，是非常低的溫度。

1-5-1 居禮溫度和磁性的關係

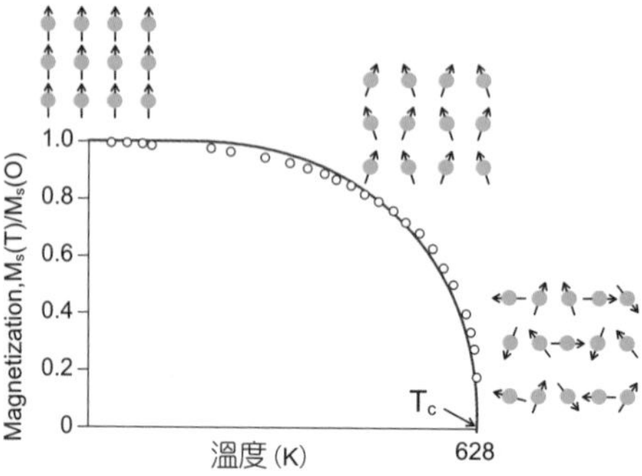

居禮溫度是指「鐵磁性和常磁性的變態點」，並不是說一到達這個溫度，磁化量就突然變為零，而是在小於居禮溫度的時候，磁性會漸漸減少；當到達居禮溫度的時候，磁化量剛好減少到零。

1-5-2 各種磁性材料的居禮溫度

鐵磁性金屬與化合物的磁性

	晶體結構	Tc（℃）	μ_0M_s(T)	K_1(MJ/m^3)	$K=\sqrt{K_1/\mu_0M_s^2}$	$\mu_0M_s^2/4$（kJ/m^3）
Fe	bcc	771	2.15	0.048	0.12	-
FeCo	B2	937	2.45	0.2	0.06	-
$Fe_{16}N_2$	正方晶	537	2.41	1.0	0.43	-
CoPt	$L1_0$	567	1.01	4.9	2.47	199
FePt	$L1_0$	477	1.43	6.6	2.02	405
FePd	$L1_0$	476	1.38	1.8	1.10	381
MnAl	$L1_0$	377	0.75	1.7	1.95	95
Co_3Pt	$L1_2$	917	1.40	0.6	0.71	-
Ni_3Mn	$L1_2$	477	1.0	0.03	0.19	-
MnBi	B81(hcp)	360	0.72	0.9	1.5	103
$SmCo_5$	六方晶	747	1.08	17.2	4.3	219
$Nd_2Fe_{14}B$	正方晶	315	1.61	4.9	1.54	516
$Dy_2Fe_{14}B$	正方晶	598	0.72	15	＞5	103
$Sm_2Fe_{17}N_3$	菱面體晶	476	1.54	8.6	2.13	472

居禮溫度障壁

那麼，汽車馬達周圍的操作溫度為幾度呢？若是混合動力車，那就高達200℃。暴露在高溫下的釹磁鐵，其居禮溫度為315℃，當釹磁鐵的溫度上升，磁鐵必需的磁化量、保磁力等特性便會開始劣化，漸漸失去馬達的機能。這很令人頭疼。

——要怎麼做，磁鐵才能耐熱呢？

為了使釹磁鐵在這樣的高溫環境下不失去保磁力、維持磁鐵特性，我們會刻意添加「鏑」元素。是不是覺得這元素很陌生呢？和釹、釤一樣，鏑也是稀土元素的一員。添加鏑元素，可使釹磁鐵運用在混合動力車的馬達。

「這樣可以安心了！」但若是這樣想，那就大錯特錯了。第一，因為溫度對策的關係，使得「最大磁能積」比原來的釹磁鐵還低。圖1-5-4中，釹磁鐵的最大磁能積為400K焦耳（／m^3），添加鏑後下降至250K焦耳（／m^3）左右。雖然添加鏑有助於對抗高溫，卻反而削減了原本給予汽車高功率的磁力（最大磁能積），現在的混合動力車僅能發揮磁鐵6成的力量。

鏑的供應緊縮，但需求卻暴增

其實，鏑的添加還產生了更大的問題。

釹、鏑同樣為稀土元素，但釹在稀土元素中屬於蘊藏量、生產量較為豐富的元素，但鏑卻只有釹的10分之1，造成價格較高且容易大起大落。

而且，鏑的生產地十分有限，幾乎可說是「全世界只有中國生產」。如同大家都知道的，日本和中國因釣魚台列島等問題關係緊張，鏑被列為出口管制對象，在2010年，價格急速飆漲。

如此，鏑元素的供應，從現在到未來只會愈來愈少，不會有改善的情形。

那麼，需求變化又如何呢？事實上，需求也只會直線上升。我們來詳細討論一下這樣的情況。

釹磁鐵促進了家電產品的輕薄短小，其中典型的例子有硬碟。運行磁頭驅動臂所需

1-5-3 添加鏑造成磁性衰弱的原因

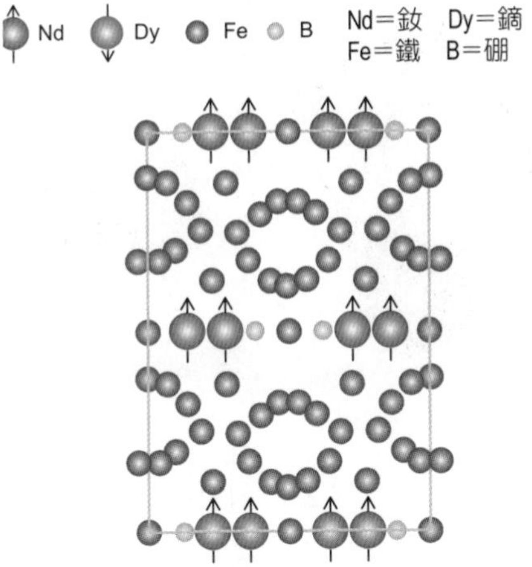

沒有鏑元素（Dy）的釹磁鐵（自旋方向相同）

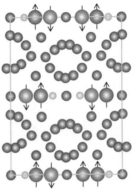

添加鏑元素（Dy）的釹磁鐵（因為Dy的自旋方向相反，所以磁化量下降）

1-5-4 添加鏑元素的情況，高溫下也能發揮磁力

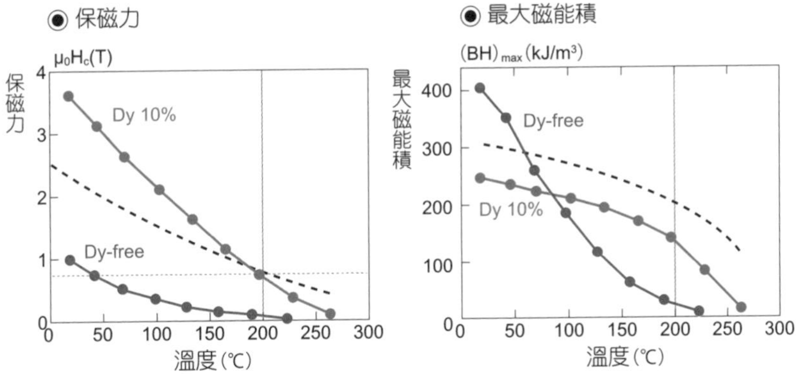

含有鏑元素的釹磁鐵（藍）和不含鏑元素（紅）的保磁力，以及最大磁能積隨溫度的變化。虛線為開發中省鏑磁鐵的目標特性。

要的音圈馬達（VCM），就使用了釹磁鐵。

HDD平均一台含有多少釹磁鐵呢？一台3・5吋的HDD約使用2g，HDD一年約賣出8億台，所有HDD都使用了釹磁鐵，概略計算一下，一年約需使用2g×8億台＝1600噸。

——HDD是釹磁鐵的最大市場。而且，需求急速增加。

1-5-5 HDD 硬碟使用釹磁鐵

不對，不是這麼說。根據數年前的統計，釹磁鐵的最大用途的確是在HDD，但邁入2010年後，「馬達方面的利用」則壓倒性增加。隨著混合動力車、電動車的出現，接連帶動了馬達的利用。

例如，我們單一討論TOYOTA就好，雖然2000年，混合動力車只銷售5萬多台，但在2013年末，累積超過600萬台，單看前1年的銷售量，2012年時也超過120萬台。

1-5-6 釹磁鐵的爆炸性成長！

小型混合動力車平均1台約使用1．2kg的釹磁鐵，假設1年全世界的生產量為200萬台，則消耗釹磁鐵1．2kg×200萬台＝2400噸，是HDD1600噸的1．5倍。

除了馬達以外，發電機的需求也大幅成長。有些人也許已經知道，馬達和發電機的原理大致相同。雖然製造發電機，可以只使用電磁鐵製造，但使用永久磁鐵的發電廠，和馬達一樣出現小型化的優勢。特別是大型的發電機，使用永久磁鐵的發電機有利於小型化、節能。

現在，利用自然能源的風力發電備受關注，風力發電機平均1座約使用1噸的釹磁鐵，意味著1台發電機使用了混合動力車1000台份的磁鐵。

釹磁鐵的需求真的是爆炸性急速成長。

控制鏑含量

除了釹磁鐵的使用量增加，釹磁鐵中的鏑元素含量也明顯增加。HDD的磁鐵（釹磁鐵）操作環境並非那麼高溫，只需要使用少量鏑就足以應付，但若是混合動力車、電動車的馬達，如同前面所説，因為是在200℃左右的高溫下操作，所以作為溫度對策的鏑，含量會大量增加。

因此，現在釹磁鐵中元素的使用比例（濃度），鏑元素佔磁鐵全體的11％左右，相當於釹元素量的3分之1。

很多人也許會認為，鏑的含量增加，那磁鐵的稀土元素比例也會增加，但釹磁鐵稀土元素仍然為33％，所佔的比例沒有改變。這是因為若降低鐵的含量，反而大幅降低磁化量與磁能積。所以，我們需要思考的是如何維持33％來表現溫度特性，拿捏「釹元素與鏑元素」的比例。鏑元素增加、釹元素相對會減少，兩者間存在著取捨關係。

若是持續仰賴鏑這個特別的原料（元素），當供應緊縮時，我們便無法製造高性能的磁鐵，可能造成汽車等許多產業失去競爭力。現在面臨的課題是，如何製造不使用鏑的釹磁鐵？

磁鐵世界的「元素戰略」

早在2000年左右，我便和佐川真人先生（釹磁鐵發明人）投入「節省鏑釹磁鐵研究」，並於2007年以文部科學省、經濟產業省為中心，開始了**「元素戰略」**國家計畫（嚴格來講，各省各團體名稱略有不同）。

用於汽車釹磁鐵的鏑、用於液晶或有機EL透明電擊（ITO）的銦、用於零件加工的鎢等等，將這些技術上不可或缺的稀有元素，以其他一般的元素來替代，減少使用量或者發現新機能——這就是「元素戰略」計畫。

這些零件材料相關的先端技術，我們平常並沒有深入瞭解，但這些卻是支持日本高性能、高機能產品的重要角色。

過去，磁鐵業界曾經因剛果衝突面臨「鈷元素危機」，曾經以非常便宜的「鐵」元素來替代的經驗。相同地，元素戰略就是在探討不使用鏑元素、銦元素，「以更常見一般的元素替代」，或者是向盡可能減少其使用量來挑戰。

若非如此，當其他國家停止鏑的供應，日本很可能會陷入……連1台混合動力車都生產不了的窘境。

於是，我的研究室也參與了國家推動的「元素戰略」，全力投入「節省鏑釹磁鐵的開發」。

另外，在2012年時出現「元素戰略」新強力版本「部門建立」計劃，我所屬的**物質材料研究機構**（NIMS）被列入部門之一。這個部門集結了日本全國相關機構的科技人才，統合理論、測量解析、材料研發等3個領域，探索新磁鐵材料的理論，同時研究既存磁鐵材料的高性能化技術，希望以實驗室規模，來製造不依賴稀有元素也可大量生產的次世代磁鐵材料。再者，研究產業開發上需要的基礎理化和技術，建立能將成果實現於產業界的機制。從草創至今3年，現在已經成為世界最高水準的磁鐵研究單位。

——大家都共同朝「不使用鏑的釹磁鐵」方向努力，我想總可以找出幾種研究的方向。

沒錯，不使用鏑，可以分成兩個方向。

第一個方向是，除了不使用鏑，也不使用釹的**「新磁鐵開發」**。也就是說，以**完全從零開始的新元素組合，來開發高性能磁鐵**，是一個極具有挑戰性的方向。磁性化合物的探索已經累積很多實驗研究成果，想要找到新的化合物，我想只能依靠舊有的理論。

另一個方向是，如同字面上的意思，**「使釹磁鐵的鏑含量為零」（節省鏑）**。現在，使用鏑的釹磁鐵除了應用在混合動力車上，也大量用於ＨＤＤ、風力發電。因此，我們需要加快腳步，研發節省鏑的高性能磁鐵。

由於釹資源量充足，當前，選擇「減少使用鏑元素，或者完全不使用鏑元素」是比較符合產業面的方法。我也正朝著這個方向進行研究。

——製造「不使用鏑的釹磁鐵」，實際上需要如何研發呢？

我們會添加鏑，是因為熱會劣化磁鐵的保磁力，因此**徹底分析保磁力的產生機制**，「研發不需要鏑的釹磁鐵」，這就是我們的任務。為此，我們必須嚴密觀察市面上磁鐵的細微構造，了解保磁力的產生機制。

最後，我來說說目前的研究進展狀況。我想各位能夠從研究的一小部份，應該可以看出我們是以什麼方法進行研究。這邊想要傳達的是，「觀察」是研究很重要的一環。

第2節課

學習磁鐵的基礎！

1 「磁場」是什麼？

磁場的實際感受

前面大略講述了磁鐵的開發歷史、我們的研究主題及任務，我想大家一定還是有很多磁鐵相關名詞聽不懂。我自己在接受報導、雜誌的採訪時，為了解釋磁鐵上非常重要的特性「保磁力」，總讓我費盡脣舌。所以，在開始討論磁鐵的研究內容、方法之前，我先來大致說明磁鐵的基本知識、基礎，以便接下來能夠消化吸收我所講述的內容。相信大家在高中、大學時就學過物理的基礎。但是，遺憾的是，由於在課堂上學生並不知道那對未來有什麼幫助，只是覺得「基礎知識即無聊的知識」，學得並不扎實。

許多人都會認為研究專家是萬事通，但每當碰到各種問題，我都會覺得「啊，要是以前基礎打得更扎實就好了……」經常需要重新學習。最近，我還買了高中教科書翻閱，常常恍然大悟「原來如此，這裡寫得真好~」。

——聽到研究人員也需要重新學習基礎，讓人產生動力。請老師從磁鐵的基礎開始教我們。

好的。首先，你們需要先瞭解的概念有「**磁場**」，或稱為「**磁界**」[2]。這兩個名詞基本上意思相同，只是不同領域的說法不同而已。

將磁鐵（棒狀磁鐵）置於桌上，磁鐵周圍便會產生「磁場」。簡單地說，磁場就是「磁力能夠影響的範圍」。磁力能夠影響到哪裡？影響不到哪裡？也就是「磁力所涵蓋

2 日本在理學領域主要稱為磁場，在工學領域主要稱為磁界。

2-1-1 在磁鐵周圍撒上鐵粉，可以看到「磁場」

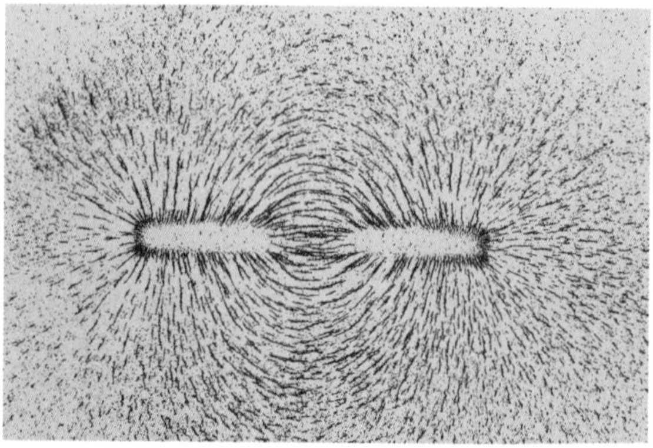

的領域」。

人類無法用肉眼看到磁場，但能夠用間接的方法看到，我們可以在磁鐵的周圍撒上鐵粉。

我想很多人小時候都有玩過，在磁鐵周圍撒上鐵粉，鐵粉會呈旋渦狀、線狀分布。其中有濃密線狀、稀疏線狀之分，靠近磁鐵的線濃密清楚，遠離磁鐵的鐵粉線稀疏模糊。也就是說，「遠離磁鐵、受磁鐵影響較小」。

我們來實際撒上磁粉看看。奇怪，怎麼沒有辦法像教科書一樣分布得那麼漂亮？不妨在遠離磁鐵的地方多撒一點磁粉。想要磁粉分布得漂亮還挺不容易的。

如同實驗，**「受磁力影響的範圍、領域」**就是**磁界**、**磁場**。也就是說，有磁場的地方就有「發出磁力的東西」。

因為磁界和磁場意思是一樣的，所以「產生磁場」也可以說成「產生磁界」。

過去，物理系的人會稱之為「磁界」；工學系的人會稱之為「磁場」。在科學技術的領域中，除了「磁界、磁場」之外，還有其他相同意思但不同說法的名詞，所以經常發生只是專業領域稍有不同，卻出現溝通上的障礙。我本身磁界、磁場兩個詞都會使用，並沒有特別拘泥於哪一種，但在這次研習期間，我就統一使用「磁場」說法。

電磁鐵產生的磁場

——剛才觀察到，磁鐵周圍會產生磁場，磁場是只有磁鐵特有的現象嗎？

這是個好問題。請看83頁圖2-1-2。將線圈轉成螺旋狀，再導入電流，鐵粉會產生和棒狀磁鐵相同的「磁場」分布。也就是說，「能夠產生磁場的不只有磁鐵而已」。

棒狀磁鐵　→　周圍產生磁場

載流線圈　→　周圍產生磁場

和棒狀磁鐵相同，當電流流經線圈「產生磁場」，表示該處有著「磁力的源頭（棒狀磁鐵）」。然而，線圈並不是棒狀磁鐵，有的只有「線圈和電流」而已。

換句話說，不使用棒狀磁鐵，在線圈中導入電流，也可以產生磁場。我們稱這種「導入電流產生磁場的線圈」為**「電磁鐵」**。一旦阻斷電流，電磁鐵的磁場便消失。所以，電磁鐵是一種**「暫時磁鐵」**。

磁場的強度，我們一般生活上很難體會。例如，相較於地磁，永久磁鐵的磁場有多強？由圖2-1-3我們就能清楚理解了。實驗室裡大型電磁鐵的磁場有3特斯拉（T）；小型電磁鐵有1特斯拉（T）。若需要更強力的磁場，則會使用超電導線圈磁鐵，馬上能產生10特斯拉左右的磁場，但需要使用液態氮來冷卻。世界最強磁場的複合磁鐵（超電導磁鐵與常電導磁鐵組成的磁鐵），能夠產生37特斯拉。大型電容瓶儲存的電流，一瞬間釋放的脈衝磁鐵，產生的磁場高達73．4特斯拉。

另一方面，釹磁鐵的磁場強度約1．4特斯拉；鐵氧體磁鐵約0．4特斯拉。另外，日本附近的地磁強度約50μ特斯拉，是非常微弱的磁場。這樣你們大致可以想像磁場的強度了。

——也就是說，永久磁鐵和電磁鐵同樣都會「產生磁場」嗎？

永久磁鐵和電磁鐵同樣都會有「周圍產生磁場」現象，但電磁鐵需要持續導入電流才能維持磁場，相對需要消耗電力。永久磁鐵不通電也能持續產生磁場。

雖然在這方面不同，但在電磁鐵和永久磁鐵周圍撒上鐵砂、磁粉，同樣會出現許多曲線。電磁鐵如同圖示，是「線圈捲成螺旋狀」。反推回去，「永久磁鐵裡頭是否如同

2-1-2 非 磁鐵也能產生磁場？

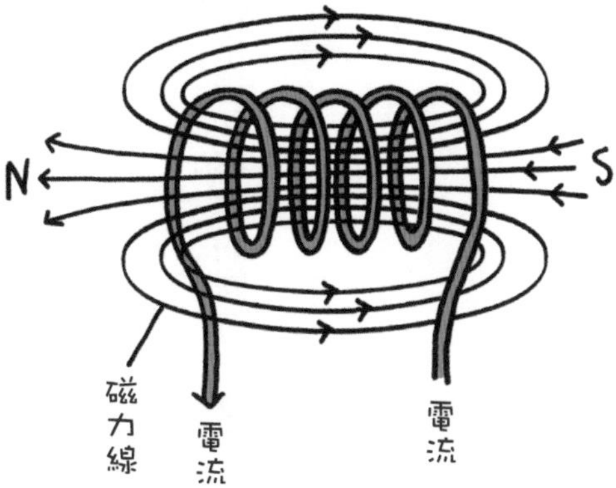

2-1-3 磁場的強度比較

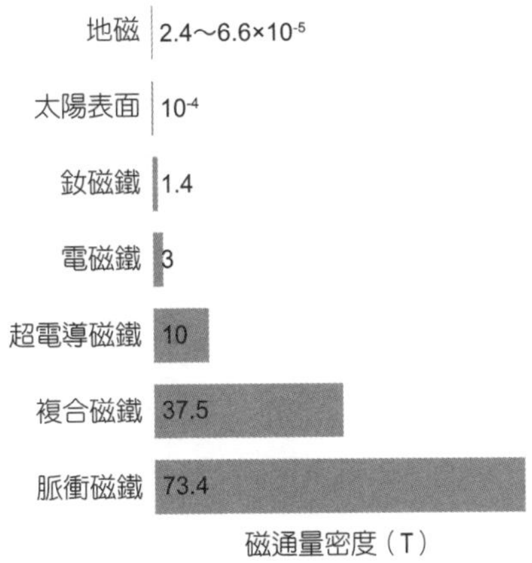

電磁鐵一樣，產生一圈圈的電流？」遺憾的是，這樣的想法並非完全正確。

永久磁鐵中沒有一圈圈的電流，但卻有類似的東西形成。那到底是什麼在一圈圈地流動呢？

追求這個答案的同時，我們也能夠找到永久磁鐵「力量的泉源」。我們接著就來討論這件事。

2 將磁鐵對半再對半……

最後會變成「電子的磁鐵」？

現在，這邊有一條棒狀磁鐵（圖2-2-1），兩端標示N極和S極。磁鐵的兩端分別有N和S的兩個磁極。

接著，我們從中間切斷磁鐵，對半成兩個。此時，兩個磁鐵的N極、S極會如何變化呢？照理來說，第一個磁鐵的一端留下N極，切口端的磁力為零；第二個磁鐵的一端

2-2-1 將磁鐵對半再對半……

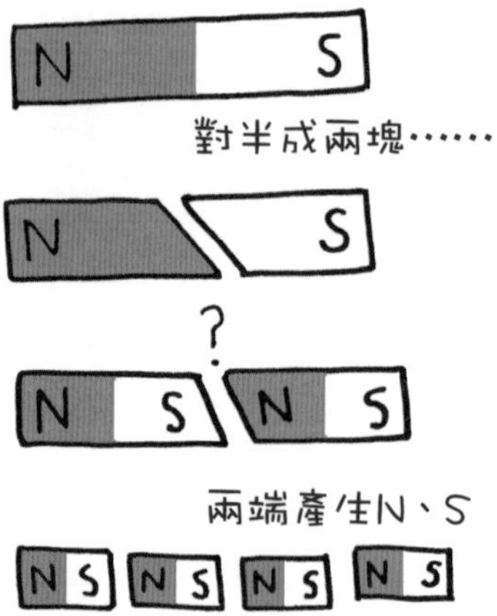

留下S極，切口端的磁力為零。

然而，實際情況是，N極的另一端產生新的S極；S極的另一端產生新的N極。S極和N極為磁鐵的「**磁極**」，將磁鐵對半，再對半，再對半……不論怎麼對半，磁鐵的一端一定會形成N極，另一端形成S極。這個世界上不存在「僅具有N極（或S極）的磁鐵」。

——那麼，再對半切得更小塊呢？

你問得很好。假設我們對半到無限小，那是小到什麼樣的程度？1毫米？不對，應該小到原子的等級吧？沒錯，即便小到原子級，磁鐵仍然會帶有N極和S極兩個磁極。我們稱為「原子磁鐵」。

國中的時候，應該在課堂上學過，原子是由原子核和電子組成的。由理論可知，原子核帶有正電荷，周圍環繞的電子帶有負電荷。電子移動會產生電流。也就是說，原子核的周圍有電流，因此會像電磁鐵一樣產生磁極。因為「電子的移動＝電荷的移動＝電流」，所以可以將電子的軌道想成是線圈，電子的電荷想成是電流，電子經由軌道運動形成「原子級的電磁鐵」。這就是「原子磁鐵」。

原子世界中存在磁鐵的源頭，所以將磁鐵對半，N極、S極並不會因此消失。

電子自旋是「磁鐵的源頭」

——我大致理解了電子在原子核周圍作軌道運動會產生磁極的原理，但除了鐵、鈷、鎳之外，所有的原子是否都可以成為磁鐵？

你說的沒錯。然而，實際上能形成磁鐵的只有「鐵、鈷、鎳」三種元素而已，其他大部分元素的原子在室溫下都無法形成磁鐵。為什麼呢？答案和電子的兩種旋轉——公轉和自轉有關。

原子核和電子的關係，經常被比喻成太陽系的太陽與行星。地球會在太陽周圍做1

年1圈的「公轉」，同時也會做1天1圈的「自轉」。與此相同，電子會在原子核周圍做大的**公轉**，同時自己本身也會一圈圈**自旋**（**自轉**）。這個公轉和自轉看起來好像同樣會產生「磁力」，但實際上卻不是這樣。

電子的公轉的確會產生磁力，但會和其他軌道的電子公轉抵銷，所以公轉不能作為磁力的成因。

另一方面，電子的「自轉＝自旋」能夠使特定的原子產生較大的磁力。

根據自轉的方向，自旋的方向分為兩種。為了方便解說，這邊稱為**向上自旋**、**向下自旋**，所有電子都有向上自旋或向下自旋。若是上下自旋的電子形成一對，自旋產生的磁極（自旋磁矩）便會相互抵消為零。

向上自旋「鐵、鈷、鎳」

——所以說，元素有鐵磁性和弱磁性之分，就是「向上自旋、向下自旋」相互抵消，看磁性殘留多少嗎？

2-2-2 磁鐵的磁性可追溯到「電子」

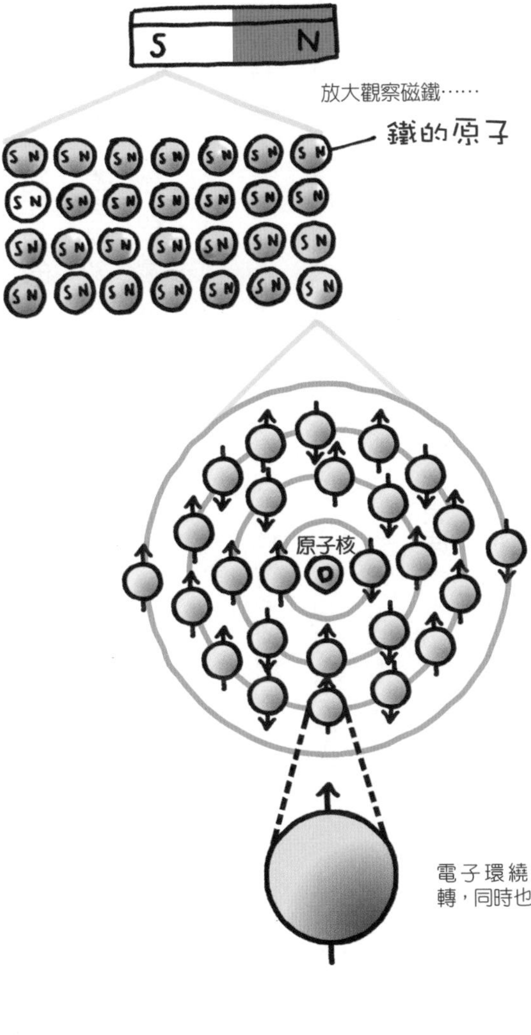

電子環繞原子核周圍公轉，同時也自轉（自旋）。

非常棒的推理。關於這一點，這邊繼續說明。

如同圖2-2-3，電子的環繞軌道從靠近原子核開始分為K殼層、L殼層、M殼層、N殼層……。每殼層能容納的電子數固定，K殼層容納2個電子；L殼層容納8個；M殼層容納18個；N殼層容納32個……。然後，電子的數量會因元素不同而異，氫1個；氦2個；氧8個；鐵26個……，從內殼層開始填入，填完該殼層後才往外一層繼續填入。

那麼，各殼層是怎麼填入電子呢？殼層取決於電子軌道的大小，其中有軌道形狀分為s、p、d……軌道。K殼層的電子有2個，所以只有s軌道；L殼層有s、p軌道；M殼層有s、p、d軌道，電子分別以向上自旋、向下自旋填入。

然後，填入電子時，會依照「**包立不相容原理**」。「填入同一軌道的兩電子，自旋方向必須相反。」**向上自旋和向下自旋能夠相互抵消旋轉產生的磁力**。因此，只有當電子為奇數個的時候，元素才會顯現磁力的特性。而且，就算表現出磁力，也只是單一電子的磁力。

然而，M殼層存在著一個例外：「**罕德定則**」，即便一個軌道沒有成對的自旋電子，電子也可以填入d軌道。s軌道、p軌道上，相同軌道中填入自旋方向相反的兩電子，這是因為自旋產生的磁矩會相互抵消（圖2-2-4），但d軌道會因「罕德定則」，即便電子的自旋方向沒有成對，也會為了滿足最大磁矩而填入。

那麼，在這樣的例外之下，鐵磁性「鐵、鈷、鎳」電子配置會如何呢？我們來實際看看。

在3d的電子軌道上，「鐵、鈷、鎳」都有5個向上自旋的電子（N極），而向下自旋的電子（S極）：

・鐵有4個（參照圖2-2-4）
・鈷有3個
・鎳有2個

向上自旋電子（N極）較多，這就是鐵磁性的成因。大家都知曉「鐵有磁性（磁力）！」但是，為什麼只有鐵、鈷、鎳3種元素在室溫下能表現鐵磁性呢？這是因為最外層「向上自旋的電子較多」，能夠帶來強磁力的緣故。

2-2-3
電子由內而外依序填入「K殼層、L殼層、M殼層、N殼層……」，必須遵守填入規則。

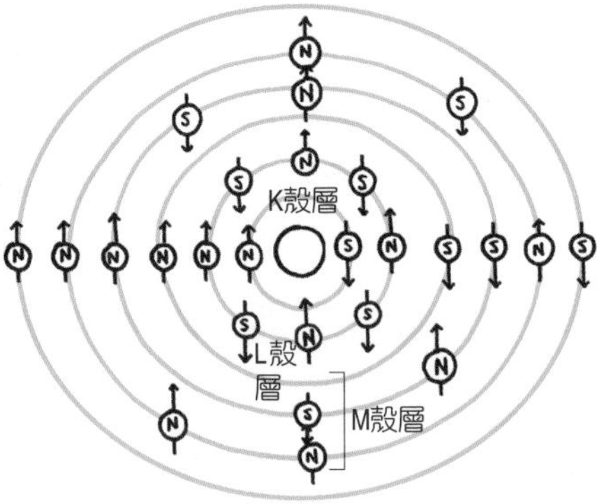

磁矩朝同一方向的鐵磁性材料

雖然我們可以說「鐵磁性取決於自旋電子」，但這也可以用「**自旋磁矩**」來說明。

首先，每個電子都具有磁性，電子的末端就像迷你棒狀磁鐵一樣「具有N極、S極」。「作用於末端的力」在物理上稱為「**力矩**」，所以，1個電子的作用力稱為「磁矩」，**磁鐵產生磁力的最小單位**。

由於每次都要把磁矩都畫成棒狀磁鐵過於麻煩，這邊就將它畫成箭頭。請將箭頭的尖端當作N極、向上，或者可以想成是原子的自旋方向。

若是材料中無數原子的自旋方向是隨機，磁力會相互抵消。例如，在銅這樣沒有磁性物質中，混入帶有著少量磁矩的鐵，鐵原子因為電子自旋產生磁矩，但少量的鐵磁矩方向沒有一致，總加起來還是為零。

大多金屬不具有磁矩，屬於非磁性材料。

與此相對，也有材料加熱超過700℃仍像鐵一樣具有磁矩，但因為方向沒有一致，一般不會表現出磁性。我們稱這樣的特性為「**順磁性**」。我們一般會將鐵、鈷、鎳

2-2-4
觀察鐵的電子自旋方向，發現 3d 軌道上多出 4 個向上自旋的電子。

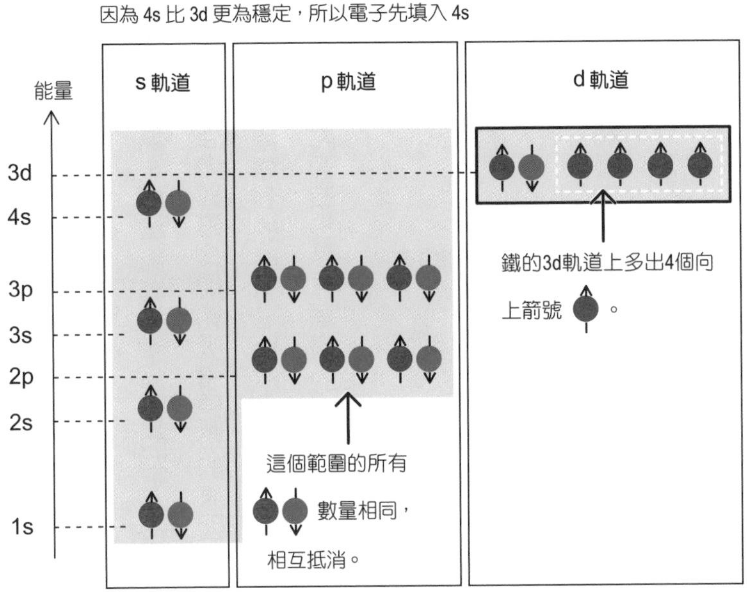

因為 4s 比 3d 更為穩定，所以電子先填入 4s
能量
s 軌道
p 軌道
d 軌道
3d
4s
3p
3s
2p
2s
1s
這個範圍的所有
數量相同，
相互抵消。
鐵的3d軌道上多出4個向
上箭號 。

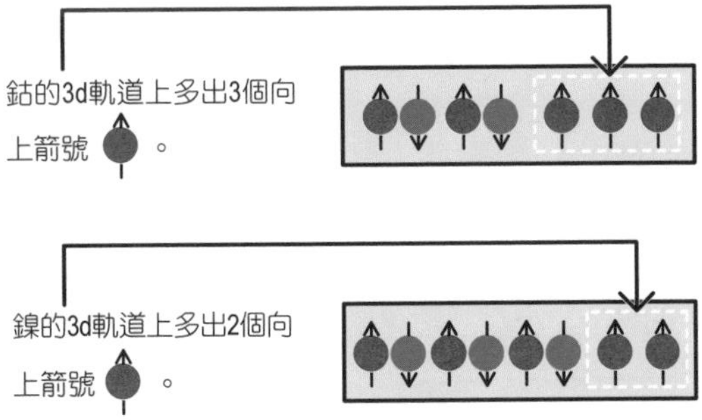

鈷的3d軌道上多出3個向
上箭號 。
鎳的3d軌道上多出2個向
上箭號 。

視為「鐵磁性體」，但當超過一定溫度（居禮溫度）以上，磁矩的方向就會變得不一致，失去磁性，變成順磁性。

鋁不受溫度影響，總是表現順磁性（雖然具有磁矩，但方向不一致），像這樣的物質，從外部施加磁場，能夠影響一定數量的電子自旋方向「朝向磁場排列」，表現出微弱的磁性。這就是強力釹磁鐵能夠吸引硬幣的原因。

但是，這邊所觀察到的磁力，遠小於鐵、鈷、鎳所產生的磁力，若沒有相當精密的測量，我們無法觀察到鋁具有這樣的磁性。所以，我們一般會認為「鋁不被磁鐵吸引」。

2-2-5
磁矩作用於「電子磁鐵」兩端

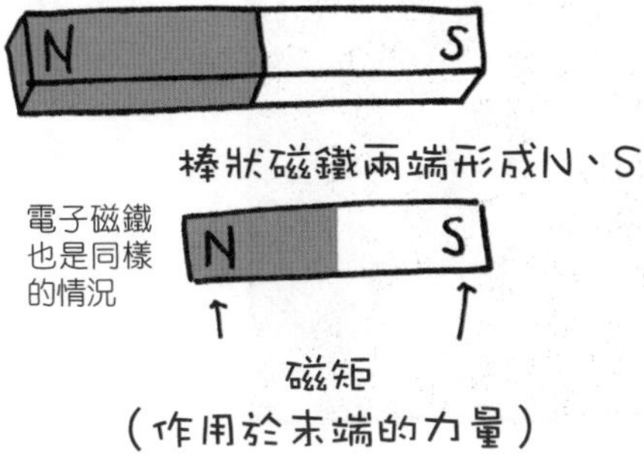

2-2-6
磁矩方向一致相同

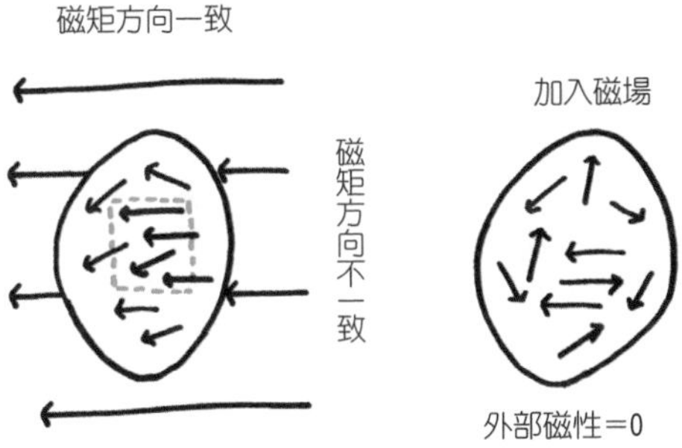

Column

磁鐵的特定形狀？

過去，磁鐵的形狀經常為棒狀型或者U字型（馬蹄形）。現在，磁鐵的形狀有圓形、四角形等各種形狀，可以吸附在白板上。你們是否也有過疑問，為什麼過去的磁鐵會特定作成棒狀或馬蹄形呢？

U字型（馬蹄形）磁鐵、棒狀磁鐵

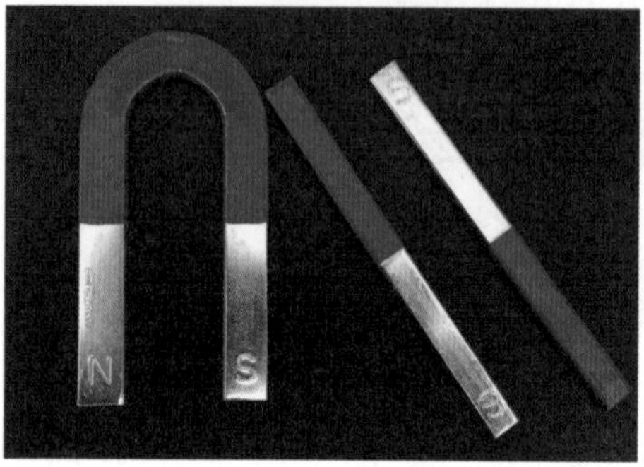

每種形狀有各自的存在意義。簡單地說，過去的磁鐵為了維持保磁力，做成特定的形狀（棒狀、馬蹄形狀）。

鋁鎳鈷磁鐵等板狀磁鐵，磁極會在磁鐵內部產生反磁場，磁通量沒有辦法釋放到外面。相反地，將磁鐵做成細長棒狀可以弱化磁鐵內部的反磁場，磁通量得以釋放到外面。

結果，以前的磁鐵不是做成長棒狀的磁鐵，就是將棒狀磁鐵彎曲做成馬蹄形（U字型）。所以，我們才會一聽到磁鐵，腦中就浮現馬蹄形，但這類型的磁鐵現在只作為國小教材使用了。與此相對，釹磁鐵具有非常強的保磁力，即便做成扁平狀或圓形，仍然具有向外釋放磁力的性質。因此，我們才能製造各種形狀的磁鐵。

根據１９３３年大阪每日新聞報，武井武在開發鐵氧體磁鐵（參照前面第１節課）時，當時大部分的人還是認為磁鐵是馬蹄形、棒狀，所以鐵氧體磁鐵的登場，日本報紙上打上「形狀自由變化，磁鐵界的大革命」大字標，記述了磁鐵可應用於海軍演習的船上作戰會議、圍棋的黑白子等令人驚豔的報導（引自神戶大學附屬圖書館數位典藏）。

如同這樣，磁鐵的「形狀可以改變」，產品上的應用便增加許多，帶來更多的附加價值。

順便一提，使用磁鐵改善音質的鋁鎳鈷磁鐵，拆解音響，會發現磁鐵形狀為長方形，而使用鐵氧體磁鐵、釹磁鐵的音響，磁鐵則是往中心內凹的碗狀。

3 保磁力、磁能積是什麼？

——我曾經聽過這樣的說法，「地球是一個大磁鐵」，地磁每經過數十萬年方向會反轉。磁鐵自然放置也會發生「N極、S極」反轉嗎？

這真是有趣的說法。此現象我們稱為「**磁極反轉**」。當然，磁鐵自然放置下，N極與S極反轉……這是不可能發生的事情。自然狀態下，可永久維持磁鐵特性，才可稱作「永久磁鐵」。

2-3-1
受到外部磁場影響，「磁化量變為 0」時，磁場強度即為「保磁力」。更進一步，就發生磁極反轉。

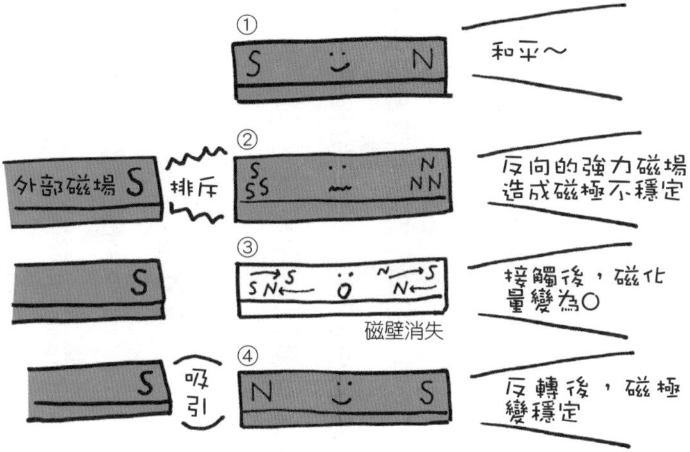

「保磁力」是什麼？

前面介紹了磁鐵的強度之一「最大磁能積（BH）$_{max}$」，還有另外一個你們要知道的就是「保磁力」。這個保磁力剛好和前面的問題「磁極反轉」有關係。

請看圖2-3-1的棒狀磁鐵，右邊為N極、左邊為S極（①）。自然的狀態下，磁鐵不會因為地磁而發生N極、S極反轉的現象。因為地磁的磁力遠小於磁鐵的磁力。

然而，若從磁鐵外部施加遠比地磁強力的磁場，情況會變得如何呢？

圖2-3-1的②中，在磁鐵的S極一方，外部有強力的S極接近。雖然磁鐵努力維持著N極、S極的狀態，但最後還是抵抗不了強大的外力，如圖變成：

③磁化量消失（磁化量＝0）

④更進一步，N極和S極反轉

這就是磁極反轉。

然後，如同③，當磁化量變為0，此時外部磁場強度即為「**保磁力**」（**矯頑磁力** coercivity）。簡單說就是，「**能夠承受多少外部磁場**」強度。舉例來說，保磁力1．5特斯拉，表示磁鐵能夠承受的反向外部磁場強度不超過1．5特斯拉。

磁能積＝外部磁場×有效磁通量密度

請看圖2-3-2。這是下面會詳細說明的「**磁滯曲線**」，橫軸為外部磁場、縱軸為磁鐵的磁性。縱軸的地方還有另一個標示：外部磁場和磁鐵磁化量相加而得的磁通量密度 B。

2-3-2
「磁通量密度（*B*）」和「外部磁場（*H*）」所形成的曲線，其中「最大面積」即為「最大磁能積」

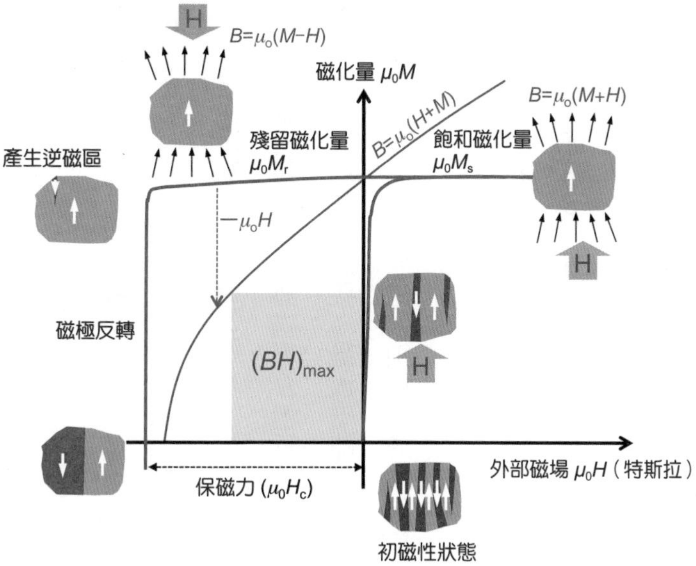

起先，我們將磁鐵分成幾個微米級的磁區，各磁區中的磁化方向相反，磁鐵內部的磁化相互抵消。這樣狀態下，磁鐵不會對外釋放磁通量，沒有能力吸附東西。當從外部的箭頭方向上施加磁場，磁化與此平行的磁區體積會增加，變得能夠對外釋放磁通量。

再加強外部磁場，結果磁鐵內部會變成只剩下和外部磁場相同方向的磁區，此時磁鐵向外釋放磁通量 μ_0M_s，稱為**「飽和磁化量」**，式子加上 μ_0 使單位和磁場相同，方便以特斯拉來表示磁化量。若是式子不加上μ_0（參照166頁），磁性的單位為A／m（每公尺多少安培），處理上較為麻煩，所以我們將單位統一為特斯拉。

接著，將外部磁場移除時殘留的磁化量$\mu_0 M_r$，會變為磁鐵對外釋放的磁場，稱為**「殘留磁化量」**。然而，我們實際將磁鐵運用在馬達等物品上時，會於磁鐵磁化量的反方向加入外部磁場。這樣一來，實際對外產生的磁場便為：

磁化量－外部磁場＝磁通量密度B

此時，磁通量密度B和外部磁場H相乘的積即為（BH），該值受到H的影響。其中最大數字$(BH)_{max}$，我們定義為最大磁能積，這是一種性能指數，表示磁鐵兩性質間的平衡：磁化量再高，沒有保磁力則無法成為磁鐵；保磁力過低，磁鐵只能使用在外部磁場微弱的地方。

實際上，問題在於，磁鐵在馬達運作時的外部磁場干擾下，能夠釋放多少磁通量。運作點H的磁通量密度B，即為磁鐵實際使用的磁通量。磁鐵吸附鐵球等物品時，若沒有受到外部磁場干擾，殘留磁化量$\mu_0 M_r$即為磁鐵所釋放的磁場。

鐵是軟磁性還是硬磁性？

那麼，回到保磁力的課題上。保磁力是指「磁鐵能夠承受多大的外部磁場？」磁鐵材料除了有磁力強弱之分外（例如鐵磁性），保磁力的大小也可作為磁鐵的分類依據。保磁力小、容易受到外部磁場干擾而發生磁化方向反轉的磁力特性，稱為「軟**磁性**（**soft magnetism**）」，具有這樣性質的材料稱為「**軟磁性材料**」。相反的，不易受到外部磁場干擾而發生磁化方向反轉的磁特性，則稱為「**硬磁性**（**hard magnetism**）」，具有這樣性質的材料稱為「**硬磁性材料**」。

開始變得有點複雜了，這邊來問大家一個觀念。鐵是軟磁性材料，還是硬磁性材料呢？

——**鐵是鐵磁性物質，當然是硬磁性材料**。

是這樣嗎？鐵具有「鐵磁性」，意思也就是「磁化量較強（吸引力較強）」。但是，這邊說的「軟磁性」、「硬磁性」，區別上不是依據「磁化量的強弱」，而是看「是否為保磁力高的材料」。也就是說「能夠持續抵抗外部磁場、保持磁鐵特性的耐久度」，或者說「具備抵抗外部磁場的頑強性質?還是馬上見風轉舵的軟弱性質?」差別。

雖然鐵具高磁化量（鐵磁性），但一靠近磁鐵便磁化（依循外部磁場），一遠離便失去磁力，所以答案為「鐵是軟磁性材料」。

硬磁性和鐵磁性的意思接近，容易混淆，但我們可以這樣區別：

・依磁化大小區分……鐵是鐵磁性

・依不易受到外部磁場影響（硬磁性）或易受到影響（軟磁性）區分……鐵是軟磁性

其實，將釘子持續摩擦磁鐵一整天，釘子也能變成磁鐵。但是，拿開磁鐵一陣子，釘子會漸漸失去磁力，變回原本的狀態。這是「鐵為軟磁性」的證據。大家都有過這樣的經驗。

就算再怎麼容易磁化，保磁力低會容易失去磁力，表示最大磁能積也低。

──鐵是軟磁性，不就表示在磁鐵方面沒有應用價值嗎？

不全然如此。應用價值端看你的使用方式。第一種方法是「直接利用其軟磁性的特性」。軟磁性的鐵是「軟弱性質」，即便外部的磁場微弱也會發生磁極反轉。這份軟弱可以說是「見風轉舵」，馬達、變壓器的磁芯就是活用此特性。

另一種方法是，想辦法改變軟磁性的性質，「改變為硬磁性」。經由此方法，軟磁性材料的鐵也能夠作為磁鐵使用。

從磁滯曲線觀測磁化反轉

關於保磁力，前面曾以磁滯曲線（magnetic hysteresis curve）說明。磁壁、磁區等用語本來應該在這邊說明的，但挪到後面再進行。

107頁、圖2-3-3是磁滯曲線的整體圖。橫軸為磁場的大小（H），正負號表示施加磁場的方向。縱軸為磁鐵的磁化量大小（M），正負號表示磁極反轉的狀態（N極

S極為正、S極N極為負）。

現在，我們從縱軸上的①開始看。磁鐵的右側為N極、左側為S極，假想對這塊磁鐵施加「由右至左」、和磁鐵磁極相反的磁場（N極）。磁鐵原本拚命抵抗磁場（②），但最終承受不了，在③的位置失去N極、S極的磁性，磁化量＝0。磁鐵無法抵抗（或者能夠承受）外部磁場的磁場大小，即為**「保磁力」**。

進一步加強磁場，磁鐵這次會順從磁場的方向反轉S極、N極，逐漸穩定下來（④＝**發生磁極反轉**）。再進一步加強磁場，磁極方向會完全反轉，產生和原本磁鐵不同的新磁鐵（⑤）。

接下來，從反方向施加磁場（可以想像成「N極由左向右接近」）。磁鐵原本能夠抵抗這個磁場（⑥），但逐漸快承受不住（⑦），最終磁化量消滅（⑧），發生磁極反轉，逐漸變回原本磁鐵的N極、S極（⑨）。再進一步增強磁場，磁鐵轉為穩定狀態（⑩）。

「保磁力是指，使磁鐵N極、S極發生磁極反轉的外部磁場（H）強度」，這個意義也可從磁滯曲線看出來。

2-3-3 從磁滯曲線觀測磁極反轉的變化

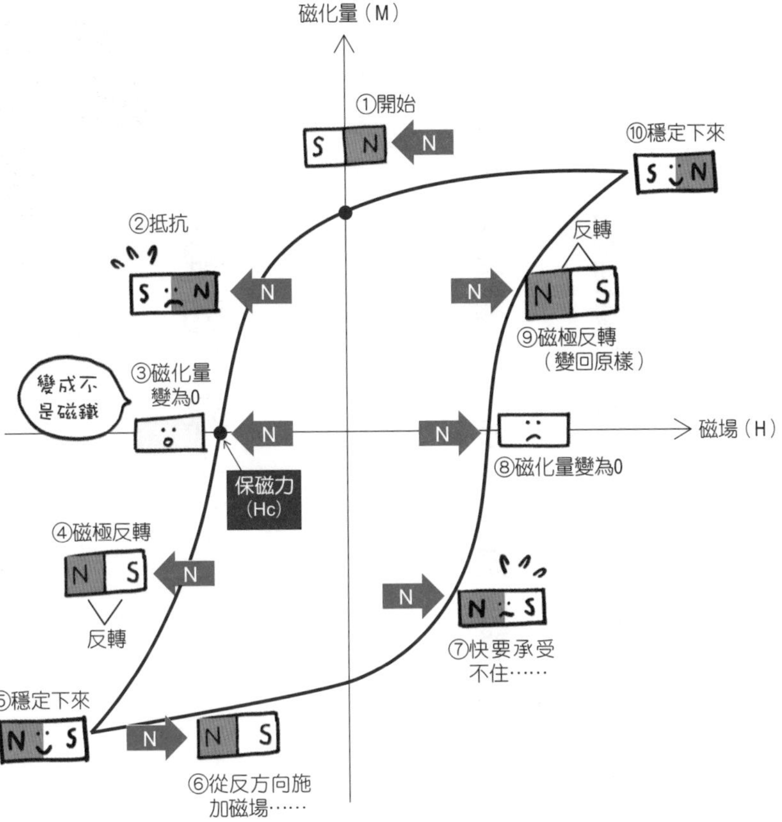

4 探索磁區與磁壁的世界！

「磁區內的磁矩完全朝同一方向」是鐵磁的特性！

——我知道鐵會磁化，自然放置磁化量會消失，也瞭解「鐵是軟磁性」，但鐵為什麼會這樣呢？

想要瞭解這個答案，這邊必須說明「磁區」、「磁壁」概念。磁區、磁壁是很有趣的現象。

這邊來說明。買回來的鐵釘自然放置下是不會變成磁鐵的，雖然被磁鐵吸附後帶有磁性，但移開磁鐵一陣子後，磁化量便消失。這是軟磁性材料的特徵。

這是除了瞭解磁鐵材料「鐵」，最為重要的課題。

觀察磁鐵內部可以發現，裡頭分成許多小區域的**「磁區」**。在這小區域內的電子自旋（磁矩）全都朝同一個方向排列。但是，相鄰磁區內的電子自旋卻是相反方向。

這並不只限定於鐵上，「鐵、鈷、鎳」三種鐵磁性體以及其合金，都明顯具有此特徵，**「單一磁區內的電子自旋朝向同一方向」**。

如同上述，鐵的內部有著無數的「磁區」，磁區與磁區之間有著**「磁壁」**分隔。

然而，如同剛才所說，鐵在同一個磁區內的所有磁矩皆朝同方向。所以，這邊可以想成「磁區＝迷你磁鐵」，兩磁區若為N-S、S-N，則相互吸引；相反地，若為N-N、S-S，則相互排斥。結果，相鄰磁區會以「N-S」形式穩定下來。因此，「相鄰的磁區才會以反方向相對排列」。

這樣的形式對兩磁區來說，是最為穩定的狀態。「N-N」、「S-S」相互排斥不穩定，雙方需要更大的能量來維持。但是，以「N-S」形式吸引在一起，不會出現排斥反應，磁能量低，狀態較為穩定。

然而，就磁鐵來說，這樣的穩定狀態是很大的缺點。相鄰磁區的磁性，相互抵消的結果，沒有磁通量釋放到外部。這樣的鐵釘沒有辦法作為磁鐵來使用，會一直維持剛買回來的狀態。

2-4-1 磁壁分隔相鄰磁區

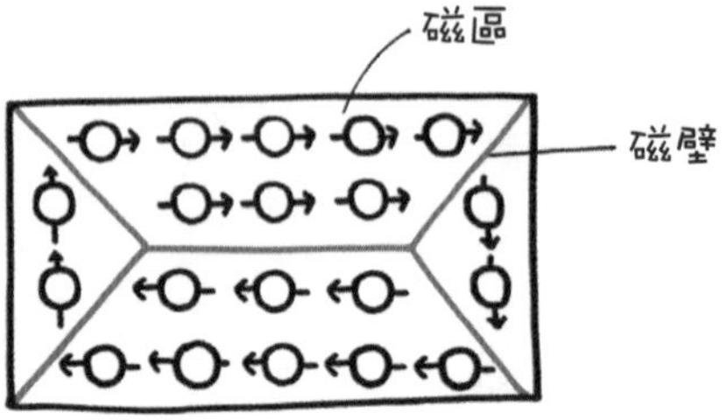

磁通量不能釋放到外部

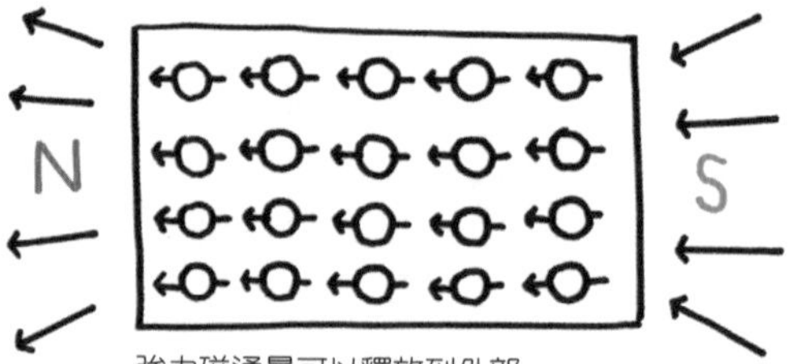

強力磁通量可以釋放到外部

磁壁隔開「磁區」小房間，裡頭的磁矩皆朝同一方向。所以，這邊可以想成「一個磁區＝一個磁鐵」。當然，相鄰兩磁區反方向吸引在一起，是最為穩定的狀態。

外部磁場造成「磁壁移動」

從鐵的外部施加強力磁場，鐵裡頭的磁壁會發生移動，這現象稱為**「磁壁移動」**。

為什麼磁壁會移動呢？舉例來說，如同下頁的圖2-4-2，磁場從左邊接近鐵的「N極」。此時，鐵左側帶「S極」磁區穩定，而左側帶「N極」磁區會因「N-N」排斥而變得不穩定。

因此，繼續從左側施加「N極」磁場，左側帶「S極」磁區會增加，帶動磁壁漸漸移動。

最終，磁壁因而消失變為一個磁區，全部一致朝相同方向。這樣的狀態，稱為**「磁化飽和」**。

將磁化物消磁……

那麼，我們瞭解，原本不是磁鐵的鐵釘，經由持續與磁鐵摩擦接觸而磁化，暫時變

2-4-2「磁化」步驟

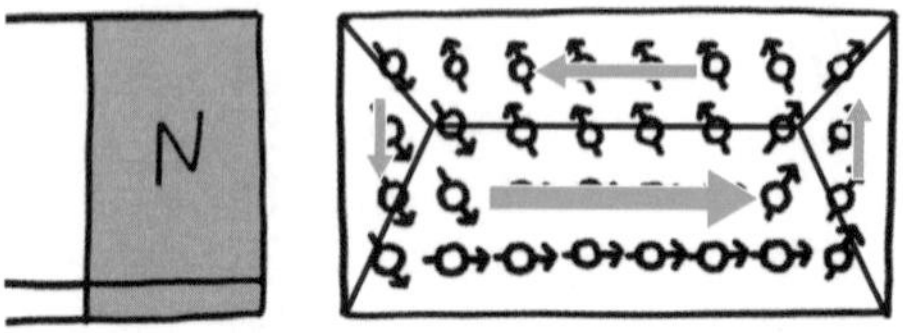

從外部施加強力磁場於鐵釘，磁壁開始移動

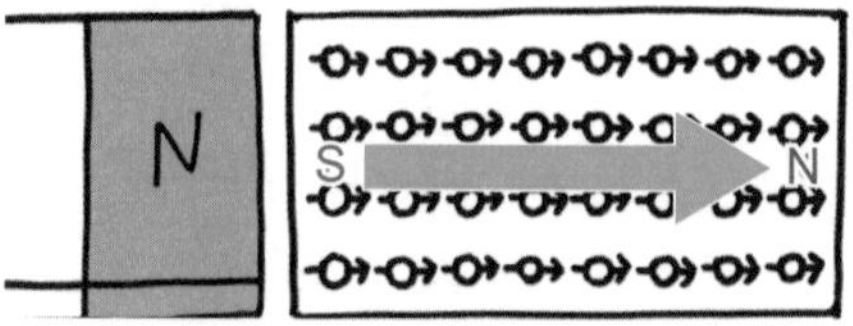

然後，內部變成單一磁區，此狀態稱為磁化飽和

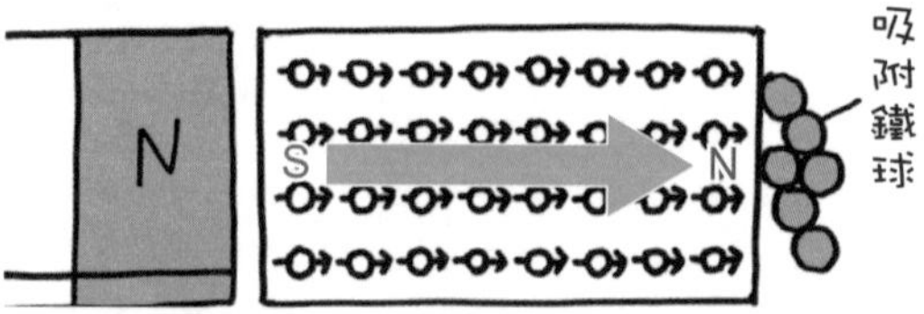

結果，鐵釘變為「磁鐵」，能夠吸附鐵球等物品。這就是「磁化」。

為磁鐵的原因。這個過程稱為「**磁化**」。

只要外部持續施加磁場，則鐵內部的磁壁消失，釋出磁通量。但是，這是非常勉強的狀態（磁能過高），非常不穩定。如同兩棒狀磁鐵N-N、S-S平行排列會產生排斥現象一樣，考量到勉強接近兩者所產生的能量，沒有磁區的狀態下是多麼不穩定，這應該顯而易見吧？

如同水自然從高處往低處流，能量會從高的地方往低的地方移動，最後形成穩定狀態。同樣地，當外部強制施加的磁場消失後，磁區會變回原本穩定的狀態。如同前面的棒狀磁鐵，當兩棒狀磁鐵以S-N、N-S吸黏在一起的方式平行排列，磁鐵會強力吸黏在一塊，變得不容易分開吧？就是這樣穩定的狀態。

這樣一來，無數的磁區會相互抗衡，無法對外釋放磁通量。這個現象稱為**「消磁」**。兩磁區吸黏在一塊的狀態較為穩定（能量低）。

受到微弱磁場容易發生磁極反轉，是「軟磁性材料」特徵。鐵轉為磁鐵、自然放置下磁力會消失，這些現象都可以由鐵是軟磁性來解釋。

2-4-3「消磁」步驟

← 外部磁場消失後……

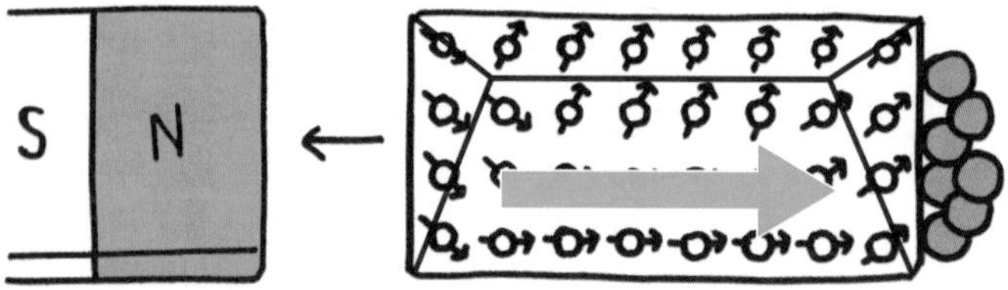

當外部磁場消失，暫時磁化的鐵釘會漸漸脫離「束縛」。結果，鐵釘內部的磁壁恢復原始狀態。

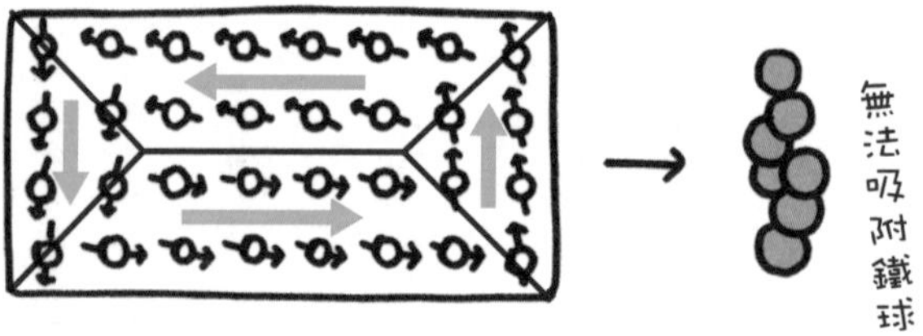

磁壁恢復後，鐵釘內部的磁矩變得不一致，而無法吸附鐵球，這現象稱為「消磁」。

5 鈥在磁石中的功用

如何永保磁化

——鐵釘消磁，真的很可惜。難道沒有辦法使鐵釘保持磁化嗎？

的確很可惜。若能不恢復原貌，「一直維持磁化的狀態」，那就是永久磁鐵了。但是，鐵是軟磁性材料，即使短暫磁化也一定會恢復原貌，自然狀態下，鐵釘不會成為永久磁鐵的。

要怎麼做才能變成永久磁鐵呢？關鍵就在於以釹為首的稀土元素。

如同圖2-5-1，我們在鐵中摻入釹，並在外部施加強力磁場（電磁鐵），鐵內部因磁壁移動而瞬間磁化（變為磁鐵）。當然，由於鐵內部所有磁區的N極、S極朝同一方向，磁壁因而消失。

鐵在這個時間點為磁鐵，但如同前面的說明，等到移除外部磁場，鐵內部的磁矩會回轉，恢復為原本的狀態。

2-5-1
釹可以阻止鐵恢復原貌，保持磁化的狀態。

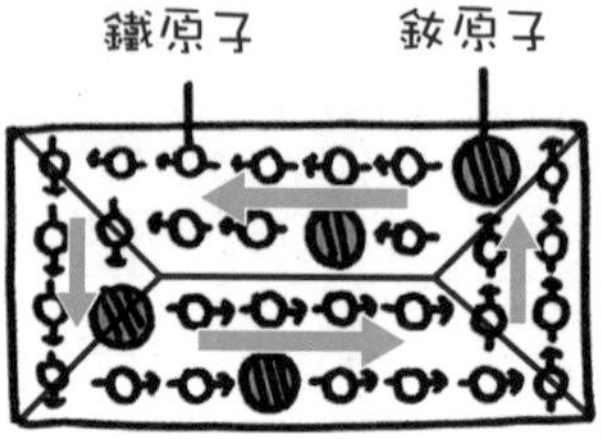

然而，鐵原子加入釹原子後，由於釹原子有鎖定鐵磁矩回轉的效果。也就是說，「釹＋鐵」一旦磁化，就算移除外部的磁場，仍然可以維持「磁鐵」，不會變回「鐵釘」。這就是在鐵中摻入釹的最大理由，釹扮演「固定」鐵磁極回轉的角色。

釹固定磁化的方向，使內部（鐵）的磁矩朝同一方向，雖能夠對外表現強磁力，但磁場卻沒有純鐵釋放的大。因為釹是不具磁矩的原子，稀釋了鐵的磁矩。純鐵的磁化強度（飽和磁化量）有2・2特斯拉，釹鐵硼合金的磁化強度僅有1・6特斯拉，數字比純鐵的還要低。但是，在不易磁極回轉的硬磁性材料之中，則屬於高磁化強度的數字。

像這樣特定晶體內部的磁化傾向朝同一方向的性質，我們稱為「**磁晶異向性**」。磁晶異向性愈明顯，物質愈不容易發生磁化反轉。

軟磁性可轉為硬磁性！

區別硬磁性材料與軟磁性材料時，區別的方法是「材料是否具有抵抗外部磁場的頑強性質？還是馬上見風轉舵的軟弱性質？」因此鐵屬於軟弱性質。但若鐵與釹等原子搭配，則可由「軟磁性↓硬磁性」。

2-5-2
KS 鋼中，碳原子扮演「固定」角色

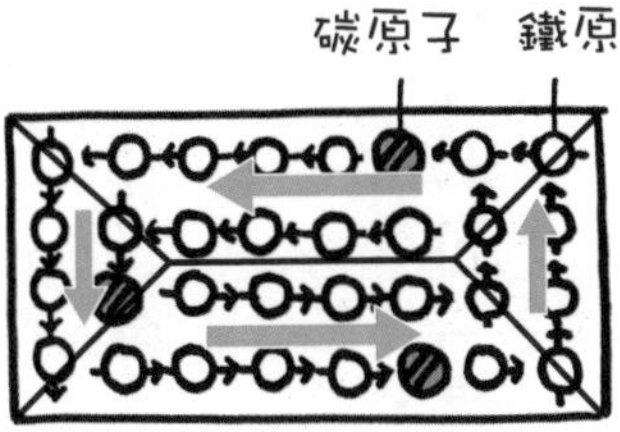

為了製造「硬磁性鐵」，添加物並不只有釹而已，「碳」也是其中一種。前面提過，在人工磁鐵史上，本多光次郎發明的「KS鋼」，正是「鐵＋碳」組合。

KS鋼除了碳以外，還添加「鈷、鉻、鎢」等物質，經淬火處理形成堅硬的鐵。

使用硬磁性材料製造磁鐵的時候，需要強力的磁場，但一旦成為磁鐵，便能半永久保持磁鐵狀態。

軟磁性鐵的「渦電流」

「軟磁性的鐵」這種鐵是指不純物質極少，幾乎可說是純鐵（100%）。這樣幾乎不含不純物的純鐵，通常使用在汽車馬達、發電機變壓器的鐵芯中。電磁鐵又分為直流電與交流電兩種，以直流電驅動的電磁鐵，比較適合使用易磁化的純鐵、鐵鈷合金。然而，由於鐵的電阻率小，通入交流電磁化時，內部會產生「渦電流」，渦電流會產生熱能，浪費不必要的能量。順便一提，電磁爐等加熱器具，就是利用渦電流產生的熱能來烹煮食物。

然而，渦電流正面用途的例子不多。轉換交流電的變壓器，若鐵芯使用純鐵，每次磁化便會產生渦電流，造成不必要的熱能散失。因此在運輸電力的時候，會有大量的能量以熱的形式浪費掉。

於是，針對使用交流電的產品，為了降低產生渦電流的能量損失，我們會使用摻入矽的鐵合金——矽鋼。矽鋼片（電磁鋼片）是軟磁性材料的代表之一。

矽鋼片有一種材料是「方向性矽鋼片」。這是容易受磁場磁化、晶體方向一致的鋼材，在日本，由本多光次郎門下的茅誠司（第17屆東京大學校長）等人指導日本鋼鐵製造商，致力於研究矽鋼片的製造方法，日本製電磁鋼片的品質堪稱世界第一。這種矽鋼片與鐵橋、大樓等建築用的一般鋼鐵材料不同，方向性矽鋼片的價格非常高。

6 為什麼釹磁鐵需要釹、硼？

稀土元素可「提高磁鐵的保磁力」

「鐵容易磁化，但卻會快速恢復原貌。」其中最大的原因在於鐵的保磁力弱。因此，阻止磁化後的磁體恢復原貌，扮演鎖住磁化的角色，就是以釹為首的稀土元素。在這一節終於要開始說明磁鐵相關的「稀土元素」了。

——稀土元素？聽名字就可以猜測這種元素資源稀少。難道不能用其他元素代替嗎？

當然也有不使用稀土元素的方法，像是「鐵＋鉑」組合。鉑族元素的構造特殊，磁性容易朝某特定方向。此性質稱為**「磁晶異向性」**（magnetocrystalline anisotropy）。鉑就是白金，價格昂貴，成本考量不適合用於一般磁鐵，但製作出來的磁鐵性質十分優異，若是用於有益的領域或消費量少的地方，即便昂貴卻有其效益存在。舉例來說，硬體的磁記錄層僅需厚度10奈米（1 nm＝10^{-9}），以這樣微小的量來說，產品的定價不會受到太大的影響。

其實，近2～3年來，人們針對即將上市、以鐵鉑製磁記錄層的次世代硬碟，展開實用化研究。另外，鐵鉑的耐蝕性佳，常用於牙科假牙材料。然而，由於鉑價高昂，即便真的推出使用2 kg鐵鉑合金磁鐵的電動車，大概也只有阿拉伯國王用得起。

稀土元素特性並不比鉑元素差，稀土元素也能賦予鐵、鈷等鐵磁性元素優異的磁晶異向性，扮演著提高磁鐵保磁力的角色。

作為稀土磁鐵，釤（Sm）和鈷（Co）組成的「釤鈷磁鐵（釤磁鐵）」在1960年代實用化。以釤鈷磁鐵為契機，人們進而研究釤、釹等稀土元素家族，以及鐵、鈷等過渡元素的金屬家族之組合，測定其合金物理性質，得到結論：「強力磁鐵並不一定需要昂貴的鈷，用便宜的鐵即可」，最後選擇了「鐵＋釹」組合。

物理學家的「誤解」

——我不太瞭解前面說的「磁晶異向性」與「保磁力」之間的關係。說到異向性，讓人聯想到「整齊朝同一方向」而「提高磁化強度」。所以，並不是提高磁化強度，而是提高保磁力？

磁鐵的世界有很多相似的名詞和概念，學生難免會感到不知所措。「磁晶異向性」愈大，磁化反轉愈不容易發生。所以，一般來說會以為：

「磁晶異向性愈大↓保磁力愈高」（錯誤）

我們會這樣認為，但這並不全然正確。其實，保磁力和「**異向性磁場**」大小有關。在這邊不列出實際的公式，但還是表示一下兩者大致的關係：

$$\text{異向性磁場}=\frac{\text{磁晶異向性}\times 2}{\text{磁化強度}}$$

計算結果會因材料而不同。我們稱為「**本質特性**」。因此，**為了開發帶有高保磁力的材料，我們需要選擇「異向性磁場高的材料」**。由這個式子可知，是否為異向性磁場高的材料？可由「磁晶異向性」和「磁場」兩者來判斷。

　然而，專攻物理的人，有人誤以為「只要磁晶異向性愈高，保磁力就愈大！」這是盲點。例如，鐵鎳合金的磁晶異向性（位於此式的分子）相當高，有人因而認為這是強力的磁鐵材料。遺憾的是，這個材料的磁化強度（分母）也很高，經除法計算，異向性磁場反而降低。

　近期研究學者由經驗得知，保磁力「**在工業中最多只能達到異向性磁場的3分之1**」。所以，鐵鎳（FeNi）化合物再怎麼研究，也只約有0.25特斯拉的保磁力。再加上馬達的去磁場（demagnetizing field因內部磁場而使磁鐵減磁）有0．8特斯拉，故無法作為高性能磁鐵。

釹磁鐵的保磁力

接下來繼續說明磁鐵的晶體結構，這部份有些複雜。

前面提到，「磁晶異向性高的材料可以做成磁鐵」，簡單地說，材料內部的磁矩方向一致，可以形成強力磁鐵。這樣的材料晶體不會呈立方體結構（立方晶），而會像正方晶、六方晶一樣，晶體結構某一方向較長（或較短），因此具有容易朝某方向磁化的性質，這種性質稱為**「單軸異向性（Uniaxial Anisotropy）」**。

也就是說，能夠成為磁鐵的材料「在結構上容易朝單一軸方向磁化」。所以，在該軸方向施加磁場，磁壁容易發生移動而磁化。這個軸我們稱為**「易磁化軸（easy axis）」**。

然而，在易磁化軸呈90度相對方向，施加磁場，情況會變得如何呢?當然，磁矩難以一致，所以此軸我們稱為**「難磁化軸（hard axis）」**。

若要找單軸異向性的金屬代表，那就是鈷了。請看圖2-6-1。我們以鈷做實驗，在易磁化軸的方向施加磁場，磁壁發生移動，磁矩瞬間朝同一方向，形成單一磁區而達飽和磁化。然而，若是在直角方向施加磁場，鈷的磁矩並不會完全與直角方向一致，而是朝易磁化軸的方向，不容易恢復原狀。

因為鈷具有這種性質，因此我們常用鈷合金作為硬碟磁盤（圓盤）表面的磁記錄層

2-6-1 鈷的易磁化軸、難磁化軸

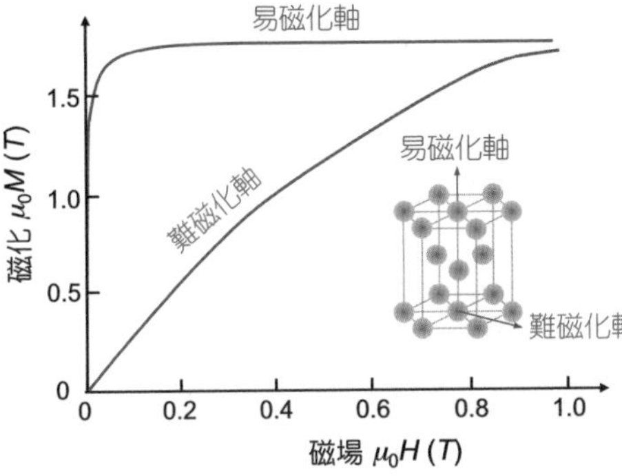

2-6-2 釹鐵硼的易磁化軸、難磁化軸

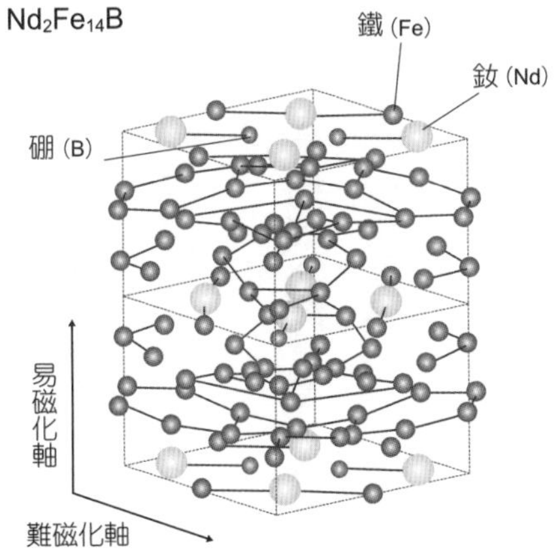

材料。

只是，就磁鐵來說，鈷的磁異向性不充足。然而現在已經有更高的磁晶異向性的磁鐵材料，那就是釹磁鐵使用的「釹2：鐵14：硼1（$Nd_2Fe_{14}B$）」化合物（合金）。其晶體結構及易磁化軸方向如圖2-6-2所示。

釹鐵硼磁鐵的晶體，有著比鈷更好的磁晶異向性，能夠抵抗外部磁場，持續保持特定方向，除非施加非常大的磁場，才會發生磁化反轉。由於磁化不易反轉，因此可以作為「高保磁力的優良磁鐵」。

如同上述，**大磁晶異向性是高保磁力的必要條件，所以使用適當材料來製造具有大磁晶異向性的合金結構，則有機會獲得高保磁力。**

為什麼要添加硼？

這邊容易忽略的是「硼」這種元素。釹鐵硼磁鐵的元素比例為「釹2：鐵14：硼1」，寫在最後面的「硼」扮演著什麼樣的角色呢？

如果只有鐵和釹，是做不出強力磁鐵的。「釹、鐵」形成的化合物有好幾種，並非所有釹鐵化合物都具有高保磁力。在所有釹鐵化合物中，哪一種能夠製作強力磁鐵呢？

釹磁鐵的發明人——佐川眞人先生，參加濱野正昭博士（當時東北大學金屬研究所）的演講，聽聞：「我們試圖以稀土元素與鐵的組合（R_2Fe_{17}的R是稀土元素的簡稱）取代使用鈷的稀土元素與鈷的組合（R_2Co_{17}），但結果材料的居禮溫度低，無法作為磁鐵使用。為什麼居禮溫度低呢？這是因為晶體結構中，『鐵～鐵』之間距離過短的緣故。」

此時，佐川先生靈光一閃：「若這是真的，那麼碳、硼等原子半徑小的原子，就能順利插入『鐵～鐵』的格子之間，擴大『鐵～鐵』之間的距離，這樣不就能提高居禮溫度嗎？」

於是，佐川先生馬上嘗試加入硼，著手研發釹磁鐵。

結果，釹磁鐵（$Nd_2Fe_{14}B$）添加硼以後，形成鐵和釹的原子間隔，對磁晶異向性而言是最理想的結構。

若不加入硼，仍然可以形成其他化合物，例如「釹2・鐵17」化合物。但是，如同濱野先生的演講，化合物的居禮溫度低。摻入硼以後，變成「釹2・鐵14・硼1」化合物，這樣的組成剛好使釹和鐵的自旋軌道產生交互作用，表現出磁矩朝同一方向的性質，也就是磁晶異向性。

——自旋軌道產生交互作用？

釹等稀土元素的電子軌道（軌道f），本來就有非常高的方向性，這會影響到鐵、鎳、鈷等具鐵磁性的電子軌道（軌道d），使鐵、鈷等鐵磁性原子的自旋方向不變，扮演著固定方向的角色。

在此不便繼續說明自旋軌道的交互作用，若你想要深入瞭解，不妨自行參閱其他專業書籍。

7 認識磁滯曲線

由磁滯曲線觀測「磁化、消磁」

前面，我們在家利用瓦斯爐加熱釹磁鐵，進行消磁的實驗。磁鐵經高溫加熱，會失去磁力，變成「普通的鐵塊」。自然放置下這種加熱過的磁鐵不會恢復磁力，但另以電磁鐵對鐵塊施加強大的磁場，可將已失去磁力的鐵塊變成「永久磁鐵」。

為什麼會發生「磁化、消磁」呢?我們可以用「**磁滯曲線**」來幫助理解。前面曾大略介紹磁區、磁壁的概念，在此加入磁壁的圖示進一步說明，幫助大家深入理解磁化、消磁。

想要增強磁鐵，需要先看懂磁滯曲線，瞭解磁化過程中發生什麼事情。請看下頁的磁滯曲線（圖2-7-1），橫軸代表磁場（*H*）大小，縱軸為磁化量（*M*）的值。此圖與圖2-3-3有些類似，這邊再進一步說明。

以鐵釘為例。前面說過，鐵磁材料裡面有磁壁，相鄰磁區互為相反方向，磁矩相互抵消，所以磁化量為0，若原本沒有來自外部的磁場，則釋放的磁場為0。初始狀態如圖為原點①。此時磁區的磁化方向和鐵的易磁化軸〈001〉平行。〈001〉的意義，可以想成鐵體心立方晶體邊的方向。

然後，對釘子施加「由下而上」磁場。磁場的方向以圖中粗箭頭表示，磁性方向偏離鐵的〈001〉方向。磁壁發生移動，向上的左磁區（左側）變大，磁場有一些跑到外部，呈現②的狀態。

繼續從外部施加相同的磁場，於是磁壁消失，變為單一磁區（③）。在這樣的狀態下繼續施加磁場，原本與易磁化軸平行的磁矩，會轉往磁場的方向，並在圖的右上角④的位置達到飽和狀態。

2-7-1 從「磁滯曲線」看鐵的磁化與消磁

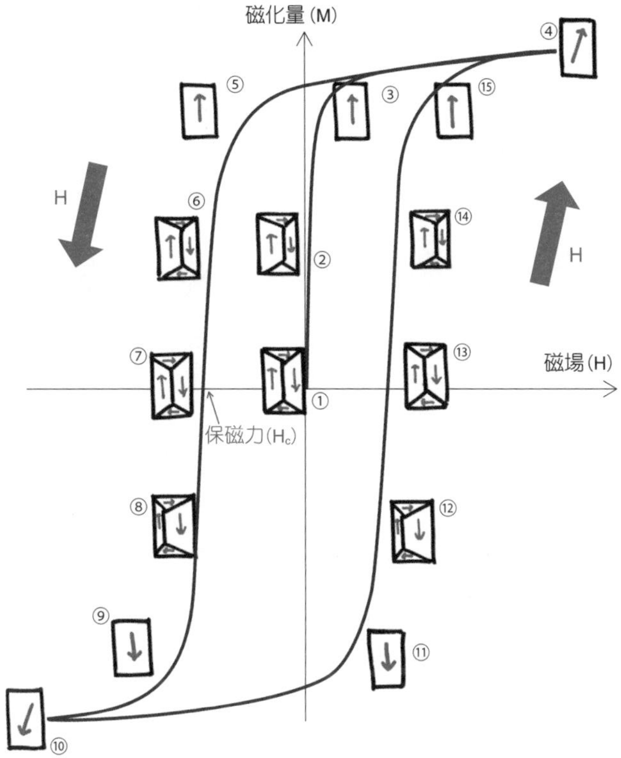

在位置①，磁區分別朝不同方向；在位置④，磁壁完全消失，磁矩朝同一方向。

在反轉方向施加磁場

現在試著將外部磁場慢慢減少。即便外部磁場變為0，仍然為單磁區狀態，但磁矩會轉向晶體易磁化軸的方向，磁化量因而減弱（前頁圖⑤）。此時的磁化量為**「殘留磁化量（remanence）」**，是磁鐵的重要特性之一。晶體方位一致的磁鐵，飽和磁化量和殘留磁化量幾乎相同。

當來自外部的磁場終於反向（由上而下），內部的磁場方向也會跟著反向，原本單一方向整齊排列的內部磁矩，漸漸變得難以維持，如同前頁圖⑥一樣，磁壁開始恢復。若再繼續加強反向磁場，磁壁就會回覆到最初狀態（⑦），相鄰磁區的磁場會相互抵銷，釋放到外部的磁化量也變為零。這時候的磁場強度即為**「保磁力」**（coercivity又稱**「矯頑磁力」**）。

接著，繼續在反方向施加磁場，會產生向下的磁化量（⑧）。如此一來，磁壁最後會消失（⑨），向下的磁化量會變成最大，到達位置⑩。

然後，外部磁場漸漸減弱，最後變為零，此時即便從反方向施加磁場，也能繼續維持此狀態（⑪），但施加反向（向上）磁場以後，磁壁會再次出現（⑫）。繼續增強磁場，磁壁會消失，磁性達到最大值（⑮）。

圖2-7-2是軟磁性材料和硬磁性材料兩種磁滯曲線的示意圖。觀察這個磁滯曲線圖，我們可以瞭解硬磁性材料和軟磁性材料的差異。硬磁性材料的保磁力高，磁滯曲線的範圍寬度較大（圖中藍線）；軟磁性材料的保磁力低，磁滯曲線的範圍寬度較小（圖中紅線）。

2-7-2
觀察磁滯曲線，軟磁性材料的寬度小，硬磁性材料的寬度大

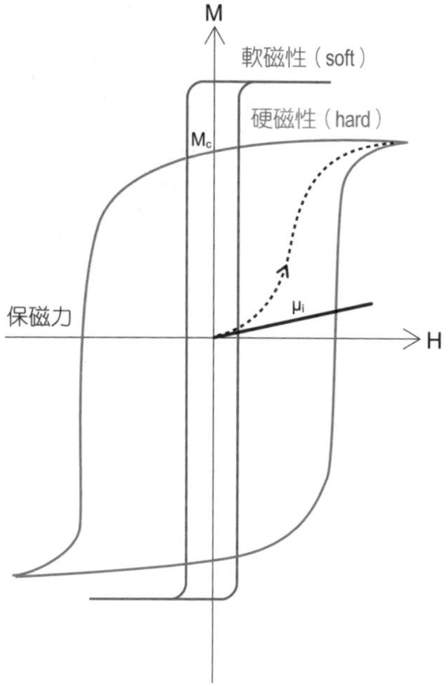

8 「相分離」在強磁性體中之應用

相分離磁鐵是什麼？

——前面出現幾次鋁鎳鈷磁鐵等「合金磁鐵」，請問這是什麼磁鐵？

大部份磁鐵都是鐵、鈷等鐵磁性元素含量較多的合金磁鐵。前面提過多次「合金」，你們認為合金是什麼東西呢？

一般人都會認為合金是「兩個以上的金屬完全混合在一起」，的確是有原子級完全混合的合金。這種合金稱為「固溶型」合金，例如青銅等加工性優異的合金。

然而，在完全混合狀態下使用的金屬材料很少，為了增加金屬的強度，會加入不溶解的金屬，不能完全溶解的元素大多作為第2相，分散在其中。也就是說，雖然說是合金，但其實大多都是分成2相的合金。這樣的合金，我們稱為「**相分離型**」合金。

2-8-1 相分離與固溶型？

相分離型　　固溶型

「相分離」並不是像油水一樣「分成兩個區域」，而是像拼圖一樣形成斑雜狀。根據金屬的比例，形狀會有所不同，磁鐵的性能也有所影響。

其實，大約從1931年三島德七研發MK鋼（MK磁鐵）開始，合金磁鐵多是利用「相分離」（phase separation）表現保磁力，形成完整的組織結構。其中，鋁鎳鈷磁鐵以及東北大學金子秀夫等人開發的鐵鉻鈷磁鐵，就是利用相分離的合金磁鐵。

舉例來說，將鐵、鉻、鈷組成的合金，加熱到750℃以上，鐵、鉻、鈷會均勻混合，形成合金。若快速冷卻，低溫下能夠保持均勻狀態，但若升高溫度為500℃左右，便會分離成兩個相，「鈷、鐵鐵磁性相」與「富鉻（chromium-rich）非磁性相」。這就是**「相分離」**。

另外，**「富（rich）」**這個字後面會不時出現，意思是**「元素組成密度高的地方」**。

模擬相分離

關於相分離，有一套不錯的模擬軟體，我們來試用看看。這套軟體是名古屋大學小山敏幸教授，在物質材料研究機構（NIMS）就職時所研發的軟體。

鐵和鉻合金原本呈均勻混和的狀態。當加熱到原子可運動的溫度時，如同圖2-8-2所示，分成「富鐵相」與「富鉻相」。圖中黑色的部分是鐵；水藍色的部分是鉻。

——不說「層」而是說「相」嗎？

「層」是像法式千層酥那樣的「層」狀。學習地球地層的時候，為了區分兩種土

2-8-2 非磁性材料包圍鐵磁性材料

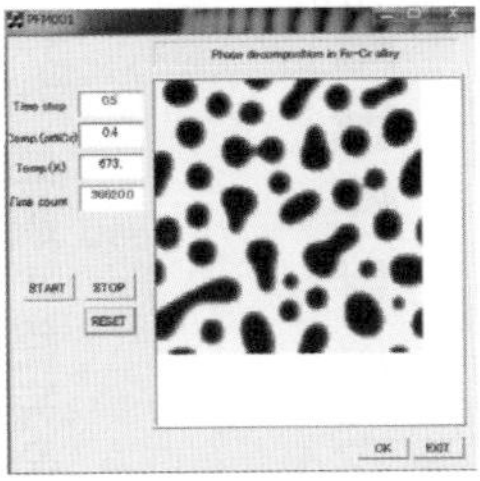

①

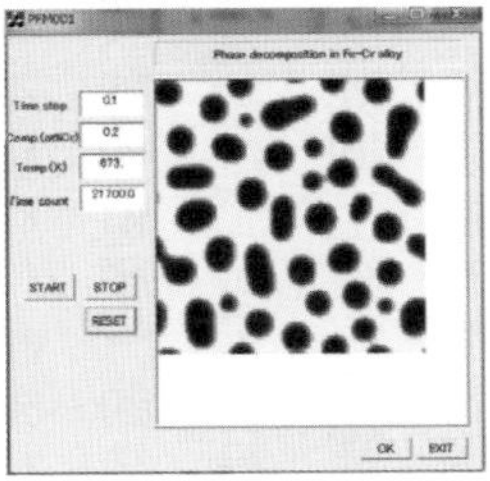

②

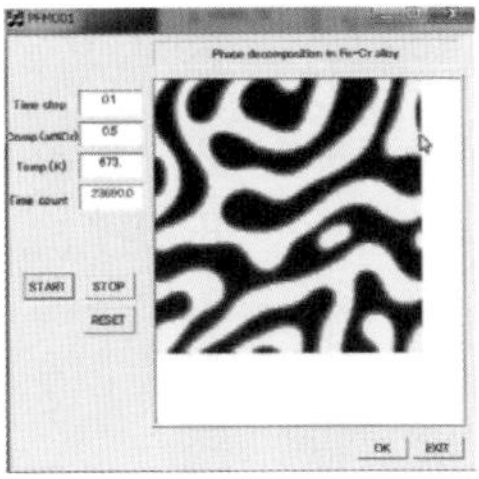

③

（固體），會使用「層」的說法。

由相同元素構成的合金，會因為構造、密度不同而形成「相」。例如，由鈷、鉻兩種元素組成的合金，從鈷密度較高的地方開始，分別形成hcp-Co、CoCr、bcc-Cr三種構造和組成不同的合金。這些稱為「相」。同樣地，鈷—鉻合金一般也會因組成、溫度，形成兩種以上的相態。這些相態可控制形狀，使合金表現不同強度和磁特性，是材料製造的有趣之處。

圖2-8-2中，水藍色部分的鉻，包覆黑色部分的鐵，由此可知，「非磁性材料，包覆鐵等鐵磁性材料，可提升保磁力」。

圖片①的合金是「鐵60%、鉻40%」。②是鉻密度下降20%的情形，相對鐵含量增加（鐵80%），保磁力增加。相反地，若像③鐵和鉻各佔50%，會全部互相分離，鉻沒有辦法包覆鐵，所以保磁力減弱。

換句話說，鉻完全延伸包覆鐵，這樣的合金組織具有強磁性，是製造優質磁鐵的關鍵。

鐵磁性材料之島

包覆鐵磁性相這種「型態」，對相分離型磁鐵的保磁力來說，是非常重要的。延伸包覆（延伸粒子）的結構，比環狀包覆棒狀磁鐵的效果更容易表現。棒狀磁鐵的長邊方向容易磁化，垂直方向不容易磁化，這樣的性質使得磁化方向不容易改變（具有保磁力）。如同上述，提高保磁力的關鍵在於，「鐵磁性磁鐵呈棒狀」。

這種磁鐵的代表例子有「鐵鉻鈷合金（Fe-Cr-Co）」、鋁鎳鈷磁鐵。鋁鎳鈷是「鋁元素、鎳元素、鈷元素」簡稱，另外，這個名字雖然看不出裡頭含有鐵，但鐵的含量大約佔50％左右。

由圖2-8-3鋁鎳鈷磁鐵的例子可見，含「鐵、鈷」較多的鐵磁性區域，被包覆於含「鎳、鋁」較多的區域（鎳富相、鋁富相）。這可說是「鐵磁性之島漂浮於非磁性相之海」的結構，這種結構能夠表現保磁力。

如此，延伸的鐵磁性相，被非磁性相分散，而產生磁異向性，稱為「**形狀磁異向性**」。一般而言，形狀磁異向性只有鐵磁性相的一半磁化量。所以，即便將鐵磁性相中磁化量最強的「鐵65鈷35」合金，埋入非磁性相中，形成極細長的針狀，保磁力的上限

2-8-3 鐵包覆於非磁性的鋁

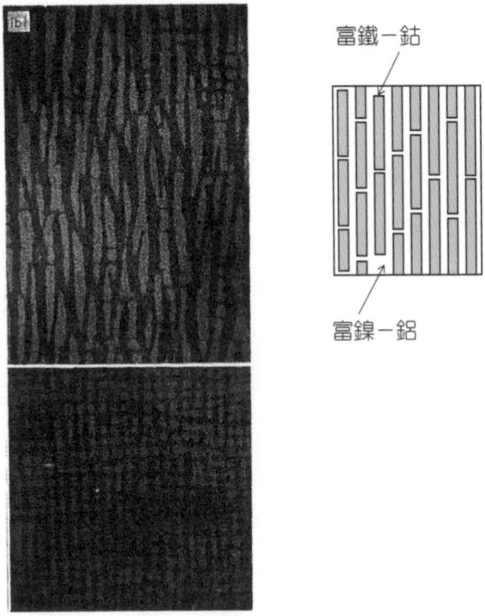

由截面（上）及平面（下）的SEM圖片，明顯可以看出富鐵－鈷的鐵磁性相，會拉長呈針狀。
"Trans. JIM" (15, 371, 1974) 371-377, Yoshiro Iwama and Masaharu Takeuchi

也只有約0・3特斯拉。因此，最大磁能積（BH）最多只有約100K焦耳／m^3。這是KS鋼、MK鋼、鋁鎳鈷磁鐵等合金磁鐵的極限。鋁鎳鈷磁鐵自1960年代起，五十年來磁能積的上限一直都沒有突破。

9 利用相分離的稀土元素「優點取向」

截長補短，反向利用

前面提到「相分離類型最高到100K焦耳／m^3」。然而，凡事有例外，那就是以稀土磁鐵的相分離例子。在此以釤元素、鈷元素磁鐵（釤鈷磁鐵）為例加以說明。

首先，釤鈷磁鐵依組成分為「1：5型」（$SmCo_5$）以及「2：17型」（Sm_2Co_{17}）。

「1：5型」的「釤1：鈷5」（$SmCo_5$）是磁晶異向性非常高的磁鐵，這種磁鐵的保磁力高，但遺憾的是磁化量不高。

另一個登場的是Sm_2Co_{17}「2：17型」磁鐵。這種磁鐵剛好相反，雖然磁化量高，但磁晶異向性（保磁力）不高。兩者各有優缺點。

於是，科學家便想出兼具兩者優點的想法，出現「釤1：鈷7．5」奇特名稱的磁鐵。這種磁鐵含有元素的種類很多（釤、鈷、鐵、銅、鋯），但基本上分為「釤1：鈷5」、「釤2：鈷17」兩種相態，選擇能使兩相穩定存在的合金組合來燒結、固定後下降溫度，分離成為「釤2：鈷17」相和「釤1：鈷5」相兩種。這就是所謂的相分離法。

磁鐵的胞壁微結構

從圖片可以看見，50奈米的胞狀結構（cell），以胞壁（cell wall）分開。組成胞壁的部分為「釤1：鈷5」，胞狀的部分為「釤2：鈷17」。

胞壁「釤1：鈷5」部分的磁晶異向性較高，磁晶異向性（保磁力）主要由「釤1：鈷5」負責；而「釤2：鈷17」部分的磁化量較高，磁化量主要由此部分產生，可說是「優點取向模式」（圖2-9-1）。

磁晶異向性（保磁力）——釤1：鈷5

磁化量——釤2：鈷17

這樣一來，我們能製造平衡非常良好的磁鐵，這種磁鐵稱為「**複合奈米晶磁鐵**（Nanocomposite Magnet）」。

一個胞壁大約只有50奈米左右，由於胞壁會被鎖住動不了，因此保磁力變得非常高。這就是其中的機制。

2-9-1 優點取向模式

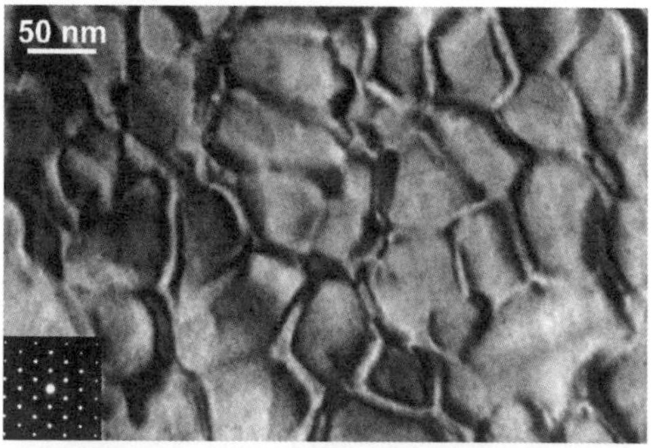

相分離「釤2：鈷17」和「釤1：鈷5」，胞壁為「釤1：鈷5」，胞狀部分為「釤2：鈷17」。磁晶異向性是胞壁較強，磁化量是胞狀內部較強。

——前面說過，相分離是「將鐵磁性物質鎖入非磁性物質中」可提高保磁力。但是，在這種鐵磁內外結構中，都含有鐵磁性的鈷。

沒錯。這種磁鐵內定材料都含有鈷，屬於鐵磁性。另外也加入稀土元素釤。雖然同樣是相分離，但這個差異正是鋁鎳鈷磁鐵與稀土磁鐵不同的地方。

鋁鎳鈷磁鐵的相分離，內部的粒子是鐵磁性，外圍是非磁性的相。所以，磁鐵的平均磁化量比較低。而鋁鈷鎳磁鐵內部粒子的主要成分是「鐵、鈷」，所以磁異向性（保磁力）主要是形狀異向性，值非常低。因此，鋁鎳鈷磁鐵幾乎沒有什麼保磁力。

高保磁力、高磁化量的理想磁鐵

然而，「釤1：鈷5」（$SmCo_5$）磁晶異向性非常高，因此保磁力也高，即便沒有相分離，僅保磁力特性便足以作為磁鐵。若從組成來討論，因為「釤1：鈷5」，鈷佔絕大多數，鈷比例約為6分之5＝83％左右，磁化量仍嫌不足。要是可以，我們希望磁化量能再提高一些。

另一方面，「釤2：鈷17」（Sm_2Co_{17}）鈷比例更高，將近19分之17＝90％。由於鈷是鐵磁性元素，鈷的濃度愈高，「釤1：鈷5」磁化量也就愈高。

總結來說，保磁力的部分由「釤1：鈷5」負責；磁化量的部分由「釤2：鈷17」負責，所以才能作出高保磁力、高磁化量的理想磁鐵。

對這項研究貢獻最大的是，前面提過的俵好夫先生，也就是俵萬智先生的父親。

圖2-9-2的影像（上），是用電子顯微鏡觀察磁鐵內部原子。這個磁鐵除了含有釤、鈷，還含有微量的鐵、比例低的銅和鋯，而以「釤2：鈷17」為主要相，也就是胞壁中間的胞狀結構，胞壁相則是「釤1：鈷5」。

影像中，標示「Z-phase（鋯相）」圖中橫線是鋯的析出物，全部都可以清楚看見，漂亮地顯現出來。

圖2-9-2的下圖是，場離子顯微鏡（Field Ion Microscope, FIM）影像。場離子顯微鏡是以針狀的試片投影而顯像（圖中白色曲線部份），可以看見「釤2：鈷17」（Sm_2Co_{17}）、變暗的「釤：鈷5」（$SmCo_5$）、圓環狀的鋯（Zr）。

並且，使用後面會提到的3維原子探針（Atom Probe）裝置，打出雷射使原子離子

2-9-2
「釤 1：鈷 7.5」主相與格界、
鈷之圓環

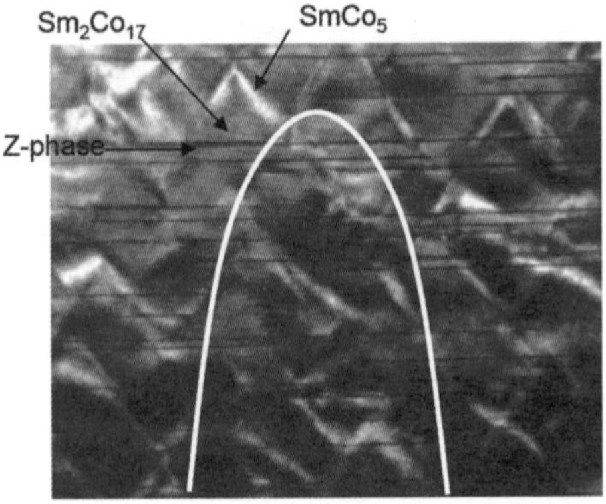

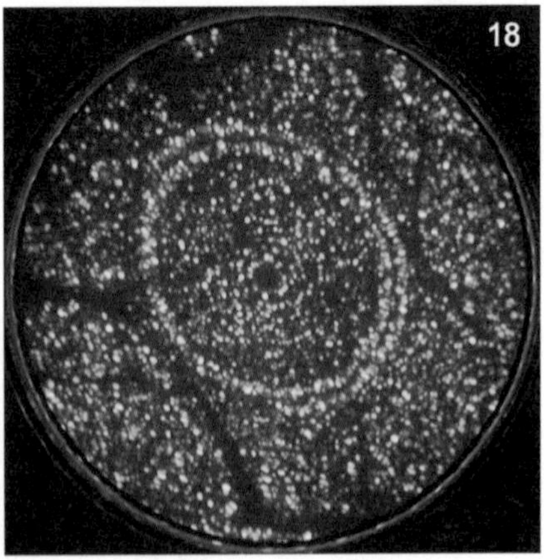

化，接著再觀察原子，如同圖2-9-3的影像，釤豐富的部分（富釤）、鈷豐富的部分，分別形成層狀結構，此結構帶來高保磁力。

由於釤鈷磁鐵的居禮溫度較高，因此現在仍然使用在操作溫度高的地方。在發明釹鐵硼磁鐵之前，釤鈷磁鐵是最強的磁鐵。

「釤鈷」磁鐵中，鈷佔整體的8～9成，鈷的使用量非常大，由於鈷價高昂，因此出現以便宜鐵代替高價鈷的製造磁鐵研究熱潮。然後，如同前幾章的敘述，在全世界研究專家、開發競爭之中，日本佐川先生終於開發了不使用鈷的「釹鐵硼」強力磁鐵。

經過這樣的歷史，釤鈷磁鐵的研究熱潮逐漸冷卻下來，但近來鏑價格高漲，大量含有高溫用鏑的磁鐵，失去了競爭力。磁性不足的部分，可由增加鐵來補足。為此，磁晶異向性降低，連帶保磁力降低，但在200℃時，釤鈷磁鐵仍與含鏑釹磁鐵有同等的保磁力。

2-9-3
釤和鈷豐富的部分（rich）呈現層狀

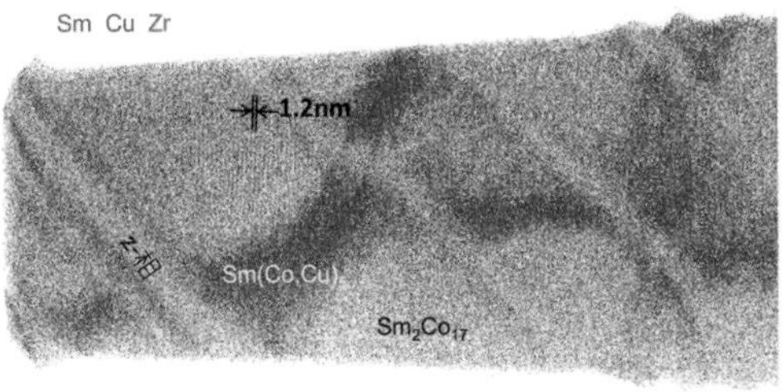

此圖為$Sm_2(Co, Fe, Cu, Zr)_{17}$磁鐵的原子分布影像。紅色是釤原子、青色是銅原子、綠色是鋯原子，銅會因格界而濃度變大，Sm_2Co_{17}相中的原子面會被分解。

從這樣新觀點出發的釤鈷磁鐵，由東芝的櫻田新哉先生帶領的團隊研發，已經使用在日本新幹線JR九州線的電車馬達。隨著社會環境的變遷，過去被淘汰的材料，有可能再度重回聚光燈之下。

本書前半段主要在說明「磁鐵的基本理論」，後面提到困難的相分離觀念。接下來我們輕鬆一下，看看磁鐵的基本製造與應用。

第3節課

磁鐵的製造與應用

1 燒結磁鐵的製造步驟

製造磁鐵，材料、製法都很重要。日本的佐川真人先生和美國的克羅托先生（Kroth）於1984年同時不同地，發明了釹磁鐵，釹磁鐵組成同樣是「釹2：鐵14：硼1」（$Nd_2Fe_{14}B$），磁鐵的性能卻天差地別。這是由於製造方式的不同，佐川先生是以「燒結法」製造；克羅托先生則是以「液態急冷法」。

我們先大略說明製法的差異，再具體描述磁鐵的用途。

①材料組成之配重

以「燒結法」製造釹磁鐵的方式，如下頁圖所示，工程大致可分為5個階段。首先要根據想要製造的磁鐵組成，正確配重各種所須之元素，放入坩堝，像是「釹2：鐵14：硼1」（$Nd_2Fe_{14}B$）等等。

②先熔化磁鐵材料，再行冷卻

釹磁鐵的材料有「釹、鐵、硼、銅、鋁、鏑」等，將這些放入坩堝，再以氬氣真空融化，倒在鐵板上凝固，形成晶體方向不一致的多晶體。合金的釹含量比$Nd_2Fe_{14}B$化合物還要多，大部分是由$Nd_2Fe_{14}B$化合物與高釹濃度兩相態所組成。也就是說，磁區會如同153頁的圖3-1-2，晶體方向沒有朝向特定方向。

以這種方式，我們只能製造「等向性磁鐵」屬於磁性較弱的磁鐵，而且晶體粒徑較大，這兩個原因會導致磁體幾乎沒有保磁力。那麼，該怎麼辦呢？

3-1-1 以燒結法製造釹磁鐵的步驟

①元素配重

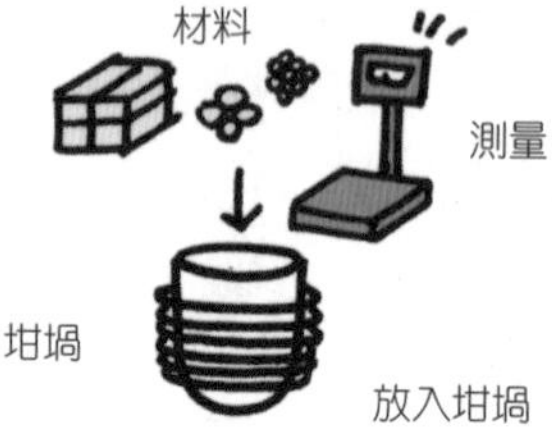

②熔化

在坩堝中熔化，做成鑄錠（ingot）

③粉碎

粉碎鑄錠，製造數微米的粉末

④在磁場中成形

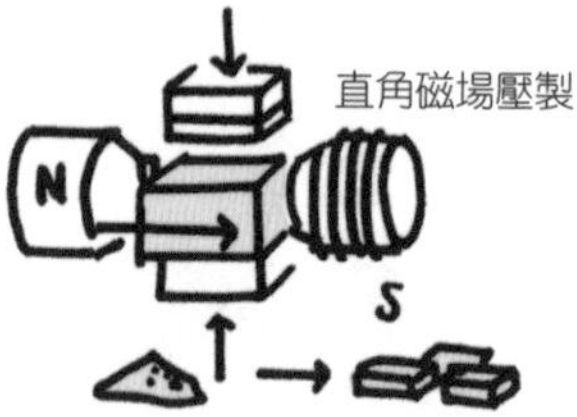

將磁鐵粉放入磁場中壓製，成形後晶體方位會一致。

⑤燒結

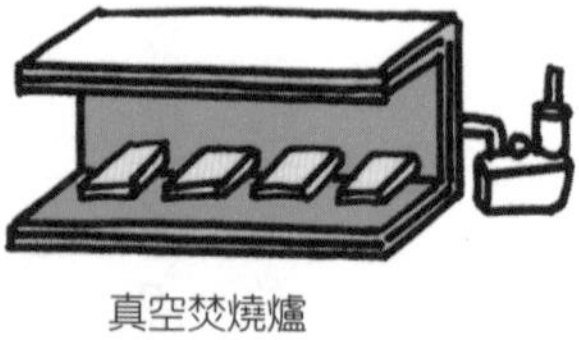

最後燒結完成

③粉碎

想要製造磁性方向統一的異向性磁鐵，必須先讓冷卻固化的等向性磁鐵吸收氫，破壞其結構，粉碎成粗粒。接著，利用噴射磨機（Jet Mill）高速氮氣流，粉碎成細小的微粒，磨成約3微米的晶粒。

為什麼要把好不容易固化的東西刻意研磨成粉末呢？這是因為研磨成細小的微粒，每個微粒才會只含一個晶體。

如同圖3-1-3所示，$Nd_2Fe_{14}B$晶體的長邊方向容易磁化，形成易磁化

3-1-2 最初等向性的晶體方向不一致

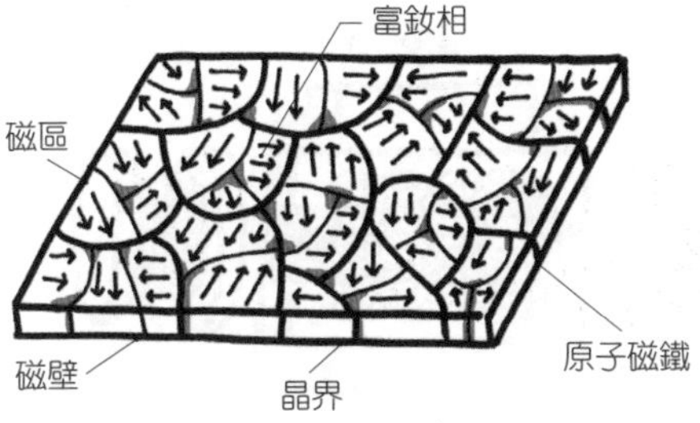

3-1-3 粉碎後，每個晶粒的磁性皆朝向同一方向

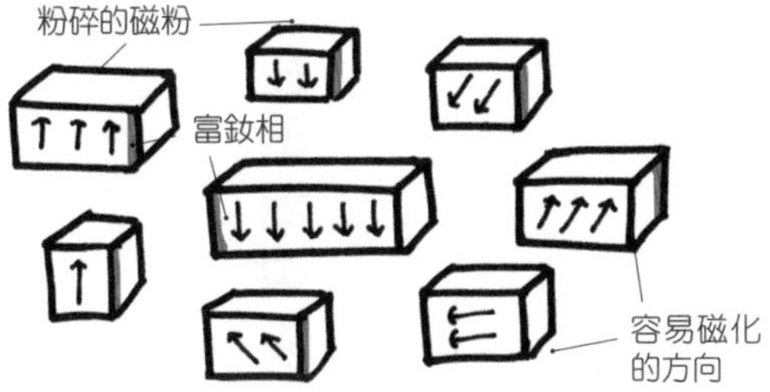

軸。在將這些微粒燒結固定之前，「多一個步驟」便能使晶體的方向一致。

④在磁場中成形，使磁矩方向一致

將粉碎的材料放入磁場的成形機中，「一邊施加磁場，一邊壓製（press）微粒」。這樣一來，各個結晶會朝容易磁化的方向（配向）磁化。

3-1-4 一邊施加磁場一邊壓製

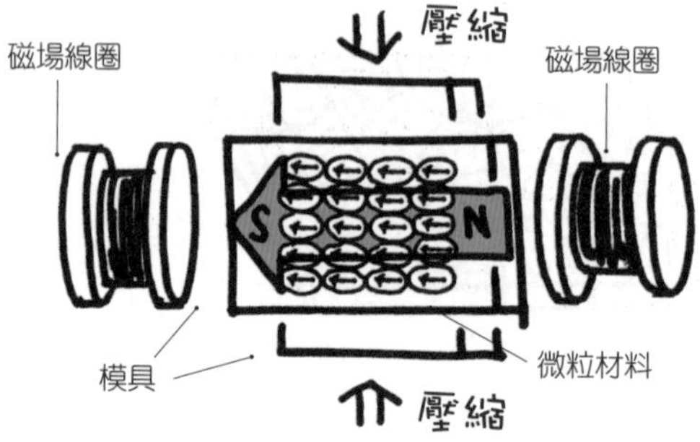

⑤燒結

最後，加溫到1150℃～1200℃高溫固化。這與陶土以高溫固化製造陶器是相同的方式，這個過程我們稱為「**燒結**」。

釹磁鐵神奇的地方是，微粒狀態時幾乎沒有保磁力，但燒結固化後卻會表現高保磁力。這是由於燒結過程中，富釹相熔出，擴散到結晶與結晶的界線（晶界），形成含有富釹相的組織。這種強力磁鐵的晶體方向一致，並形成高保磁力。順便一提，日本的釹燒結磁鐵生產商包括：日立金屬、信越化學、TDK三家公司。

3-1-5 異向性和等向性的差異一目了然

異向性

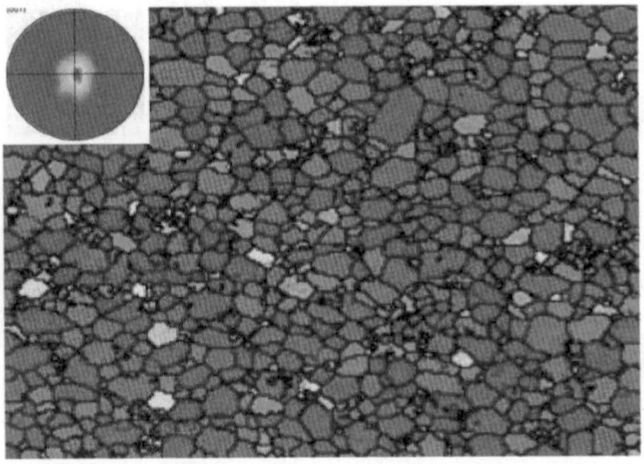

等向性

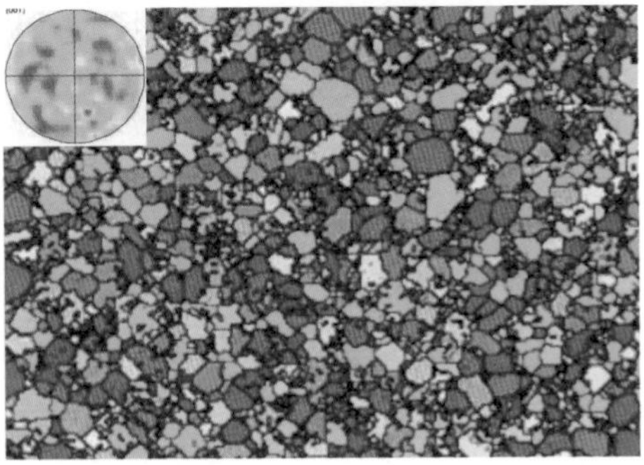

2 液態急冷～熱加工的製造方法

不使用鑄模，瞬間急速冷卻

接下來介紹「液態急冷法」。液態急冷裝置（如左頁照片）是將裝有合金的坩堝以高頻線圈誘導感應熔化，接著加壓氦氣，再將合金噴塗到高速旋轉的銅滾輪上急速冷卻。當熔化的金屬噴塗到旋轉的銅滾輪，金屬會在接觸面急速冷卻，形成緞帶狀的磁

3-2-1 液態急冷裝置（右）與熔解、急速冷卻的樣子（左）

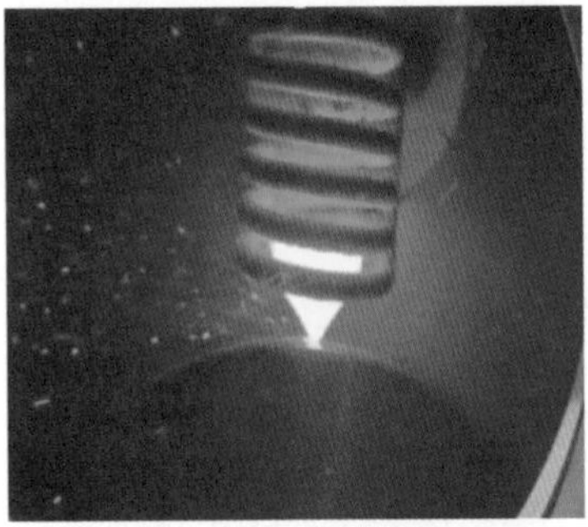

將磁鐵材料置入正中央的管狀器具中，高熱熔化後，再由下方高速旋轉的銅滾軸，進行急速冷卻。

鐵。這就是液態急冷法。

一般來說，使用鑄模的時候，將熔化的金屬注入鑄模，透過與鑄模的接觸面，熱量逐漸散逸變為低溫。而汽車的引擎是利用「砂模」製造，將金屬注入砂中。這兩種方法的熱傳導都非常低，只能緩慢冷卻。相較之下，液態急冷法是將熔化的磁鐵合金噴塗到高速旋轉的銅滾輪上。因為銅的電傳導性佳，合金從接觸面急速冷卻，形成奈米晶體，根據材料組成成分，還可形成不具晶體結構的非晶質金屬玻璃（Glassy metal）。

熱加工磁鐵的用途

「熱加工」磁鐵製法，這是美國GM

3-2-2 熱加工流程

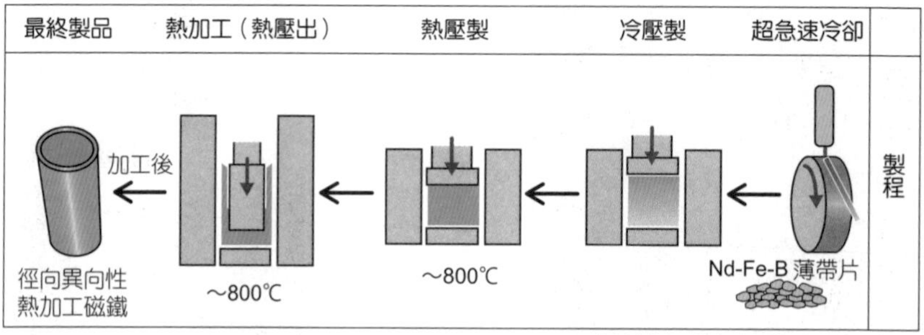

資料來源：參考大同特殊鋼的HP製造

（通用汽車公司）研究專家於1982年提出的方法。其中的原理本身早已廣為人知，但最先應用於商業大量生產的是大同特殊製鋼公司（名古屋）。

熱加工法是將磁鐵材料高溫壓製，使「釹2：鐵14：硼1」（$Nd_2Fe_{14}B$）晶體形成板狀。此時，$Nd_2Fe_{14}B$的易磁化軸方向，垂直於扁平面。

這個方法適合製造異向性垂直於軸方向（徑向）的環狀徑向磁鐵。徑向磁鐵的用途，可以小型馬達為例，而且再多幾個步驟可以製作板狀磁鐵，用途變得更加廣泛。

除此之外，也有微晶體的異向性磁鐵，其製法為「HDDR法」。這是使釹磁鐵材料吸收、脫離氫元素的方法。

3 磁鐵的用途

汽車使用釹磁鐵或鐵氧體磁鐵

磁鐵的使用，經常埋藏於產品中，從外面幾乎看不到磁鐵零件。所以，磁鐵在什麼樣的產品中、怎麼使用？討論這個問題可以幫助我們瞭解磁鐵。

首先，我們來討論汽車。1台汽車埋藏了100個以上的馬達。雖然這邊籠統地說**「馬達」**，但它應用於汽車的各個地方，像是後視鏡、天窗、雨刷、動力方向盤等各部位馬達，高級汽車的電動式座椅，或者動力車、電動車等車體本身的驅動馬達。

雨刷等不需要強大動力的部位，則使用較便宜的鐵氧體磁鐵。

釹磁鐵使用於汽車的重要部分，像是汽車的**驅動馬達**、發電機、空調的馬達、電力煞車、汽車導航用的硬碟等。

所以，汽車中的磁鐵依用途分為兩種，需要高性能、高功率的部份，使用釹磁鐵。低性能便足以解決的部份則使用鐵氧體磁鐵。另外，汽車還有一部分是使用黏結磁鐵。

家電產品「小型化、靜音化」

自從日本開始推行再生能源，磁鐵在風力發電方面出現一個大市場。如同前面的說明，1座風力發電機平均可消耗約1噸的釹磁鐵材料。日本信越化學等公司，便投入風力發電的磁鐵開發。

說到家電產品，空調壓縮機（冷氣機）的直流馬達同樣使用了釹磁鐵。在稀土磁鐵研究中享有盛名的美國馬格里布研究所，施耐德博士聽完信越化學美濃輪武久先生、關於日本對釹磁鐵的基本應用演講，大為震驚：「日本竟然連空調都使用釹磁鐵！」

在美國，空調的馬達多半是使用鐵氧體磁鐵，所以大型壓縮機運作時，會產生噪音。因此就小型、靜音的意義來說，釹磁鐵十分具有商業價值。HDD的音圈馬達（VCM），如同前面的說明，也使用了釹磁鐵。根據數年前的釹磁鐵各用途使用量的

3-3-1
在汽車高功率處配置釹磁鐵

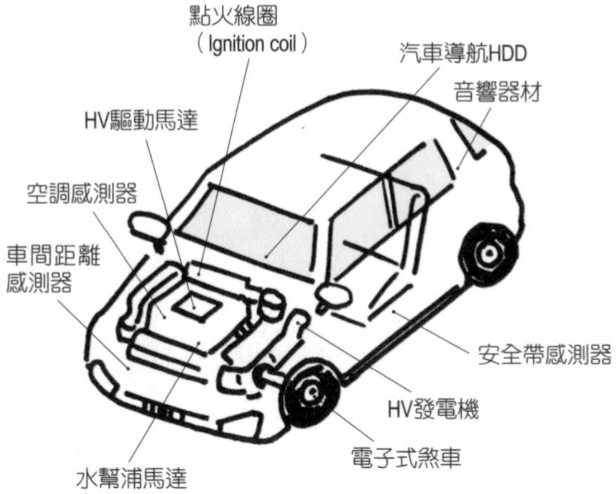

3-3-2 使用釹磁鐵的開放式 MRI 核磁共振儀

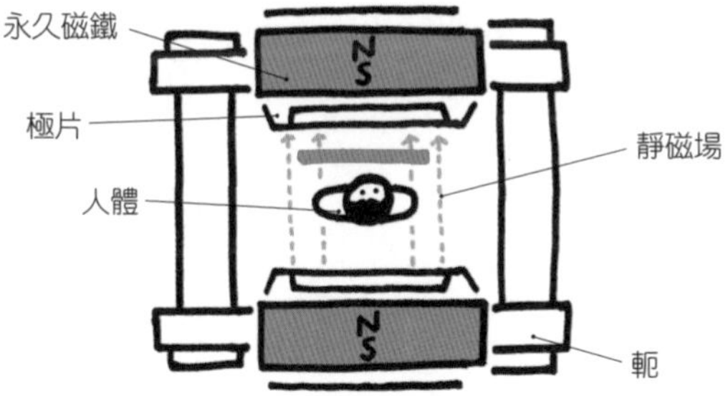

資料顯示，釹磁鐵（燒結型）大部分用於HDD的VCM。然而，最近的統計資料則顯示，現在釹磁鐵則多用於混合動力車等馬達。另外，機器人專用馬達，預計未來會有大幅度的成長。近年來，以釹磁鐵為首的高性能磁鐵，用途在市場上有很大的變化。

改變「釹：鏑」比例

——可否增加釹磁鐵中稀土元素的比例

釹磁鐵中稀土元素的比例（釹＋鏑）約為33％，是固定的數字，若增加稀土元素的比例，鐵的含量會相對減少，造成磁化量下降。所以，我們不能一昧增加稀土元素。現在，我們來考量溫度特性等因素，將33％增減「釹：鏑」比例。若鏑的含量增加，釹的含量會相對減少。

圖3-3-3是改變「釹：鏑」比例，磁鐵性能會如何變化的示意圖。我們可以觀察圖表中，實際使用釹磁鐵的應用產品與稀土元素的比例關係（三種角度）。圖的縱軸表示最大磁能積，橫軸表示保磁力（操作溫度，即耐熱溫度）。

由圖可知，HDD位於圖的左上角，操作溫度不高，本來就不需要高保磁力（耐熱溫度），所以少量的鏑就足夠應付。數年前，TDK公司發表了不使用鏑的HDD磁鐵。

3-3-4圖表顯示，鏑含量愈少，最大磁能積愈大（400kJ/m^3），但我們再看保

3-3-3 釹和鏑磁鐵的應用

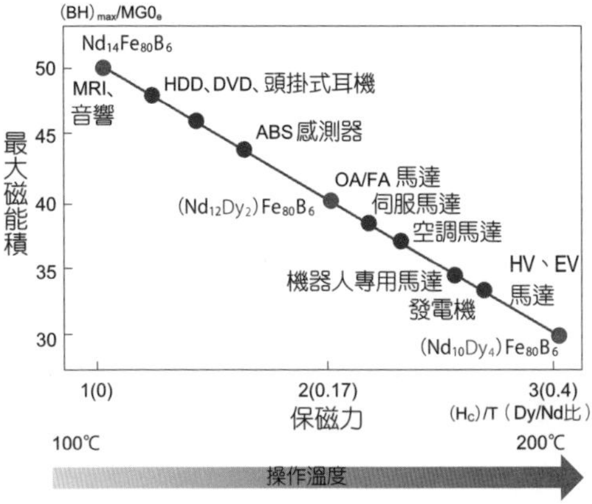

3-3-4 釹和鏑的比例及磁鐵性能變化

Mass%（單位）	保磁力（特斯拉）	殘留磁化（特斯拉）	$(BH)_{max}$（kJ / m^3）
$Nd_{33}Dy_0$	1.2	1.45	400
$Nd_{22}Dy_{11}$	3	1.1	230
$Nd_{33+a}Dy_0$	> 2.5	> 1.1	> 230

磁力，可發現最大值3特斯拉出現在「釹：鏑＝2：1」。根據釹磁鐵使用的環境、需要的機能或性能，其中稀土元素的比例會有所不同。

4 為什麼變壓器是使用軟磁性材料？

鐵是鐵磁性高的材料，但是軟磁性，容易發生磁極反轉。「**變壓器**」其實就是反過來利用這個「弱點」。

變壓器（transformer）是一種能夠自由轉變交流電壓「6600伏特↓100伏特」的裝置。

變壓器要怎麼利用鐵的軟磁性呢？在開始介紹之前，先來說明「**磁通量密度**」是什麼。

前面說明過，「電磁鐵導入電流，周圍會產生磁場」。這個我們想要運用、能夠利用的磁場，稱為「磁通量密度（B）」

實際在磁場（H）之下，能夠利用的磁通量密度（B）為（線圈呈真空的狀態）：

$$B=\mu_0 H$$

在式中，μ_0為「真空**磁導率**」，一種單位換算的係數。由於導入電流而產生的磁場（H），單位為安培／米，磁通量密度經μ_0的換算，單位變為特斯拉。

3-4-1
磁場與磁通量密度

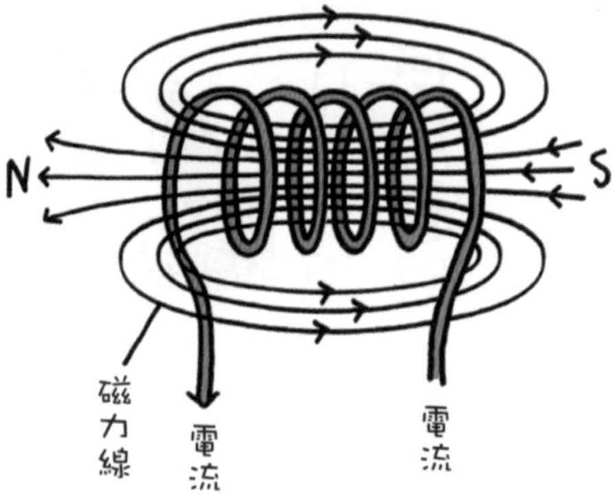

這個式子適用於「線圈中呈真空狀態」。

若線圈不為真空，中間有插入「某物」，磁通量密度（B）會出現很大的變化。這個「某物」很重要。

變壓器的功用與磁通量密度的關係

在線圈中裝入「某物」——即為「**鐵**

3-4-2 線圈纏捲磁鐵，可提高磁通量密度

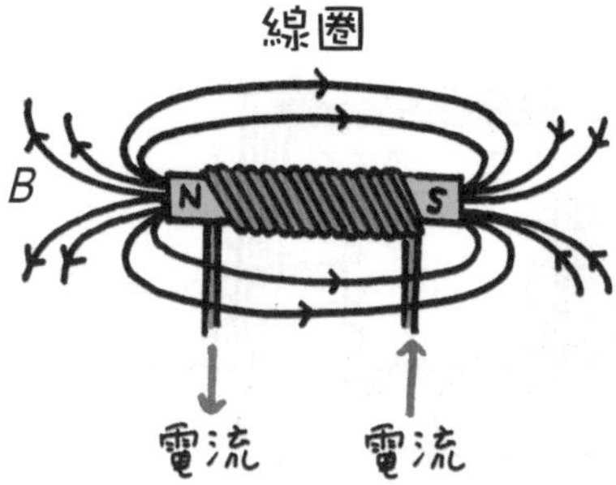

真空的磁通量密度B：

$$B = \mu_0 H \cdots ①$$

有鐵芯的磁通量密度B：

$$B = \mu_0 (H + M) \cdots ②$$

$$② > ①$$

芯」。鐵芯是軟磁性，容易受到外部磁場影響而變為磁鐵。上圖的情況是，受到電磁鐵產生的磁場，鐵芯被磁化。令帶有鐵芯的磁化量為M，則前面式子變成為：

$$B = \mu_0 (H + M)$$

式中M值很重要。後來插入的鐵，磁化量非常強（鐵磁性），可產生高磁通量密度。這就是變壓器選擇使用軟磁性鐵芯的理由。

變壓器使用軟磁性材料，另外一個理由是「交流電」。

請看圖3-4-3。這是變壓器的結構，以一次線圈、二次線圈來轉換電壓，轉換的多寡視「線圈圈數比例」而定。舉例來說，若想要將100伏特的電壓降為10分之1，也就是10伏特，由上面的比例計算，二次線圈的圈數，必須纏繞一次線圈的10分之1圈

3-4-3
藉由一次線圈、二次線圈的圈數，轉換電壓

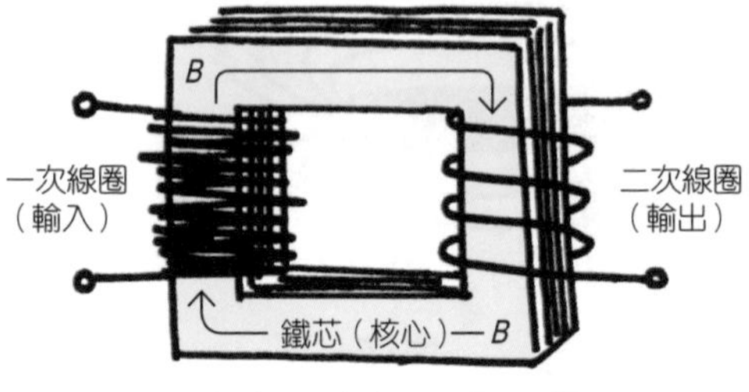

100（V）：10（V）＝100圈：10圈

數。

其中的機制是，對一次線圈施加電壓產生磁場，接著磁場使二次線圈感應產生電壓。然而，這個機制不適用於直流電。即使在一次線圈通入直流電產生強大的磁場，該磁場也沒有辦法使二次線圈感應產生電壓。

為什麼會這樣呢？見3-4-4右圖，在線圈內「插進、拔出磁鐵」，線圈會感應產生電流，但若只是將磁鐵插著不動，無法產生感應電流。「磁↓電」轉換並不是看磁場的大小，而是感應「磁力線數目的變化」再轉換成電壓或電流。

若換成交流電，情況會變得如何呢？來自一次線圈的電壓以每秒50次（東日本）或60次（西日本）的頻率變化，磁場因而變大或變為零。這個「磁場的變化」正是使磁力線數發生變化，而導致二次線圈感應產生電壓的源頭。所以，我們需要在線圈插入磁鐵。為什麼呢？因為鐵芯是軟磁性材料，具有易受到外部磁場改變的性質。馬達也具有相同的情形。（編按：日本東半部與西半部，交流電頻率不同。）

順便一提，電線桿上有個像大水桶的機器，那是柱狀變壓器。

我們生活中使用的電力，為了減少輸電損失，使用高壓電輸送。在發電廠輸出27萬5000～50萬伏特的超高電壓，途中經由各變電所，15萬4000伏特↓6萬6000伏特↓6600伏特↓100伏特，逐漸降低電壓。

以輸送過來6600伏特降為100伏特的例子來說，纏繞線圈的比例應為「66：1」。

總而言之，電力是利用軟磁性鐵芯

3-4-4 直流電不適用「電力轉換為磁力」

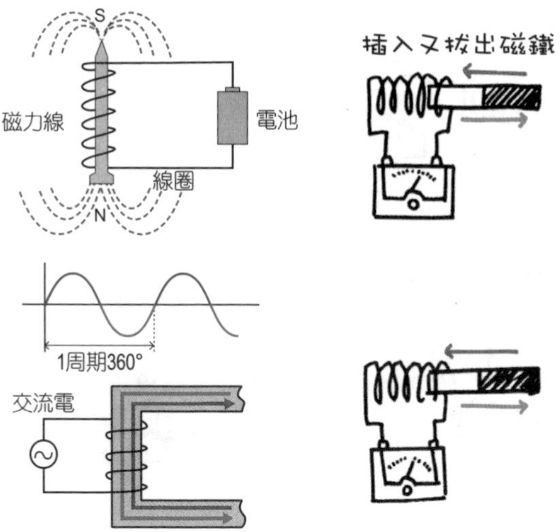

3-4-5
電線桿上的變壓器
（柱狀變壓器）

3-4-6 從發電廠輸送電力到家庭
——經由變壓器適當降低過大的電壓

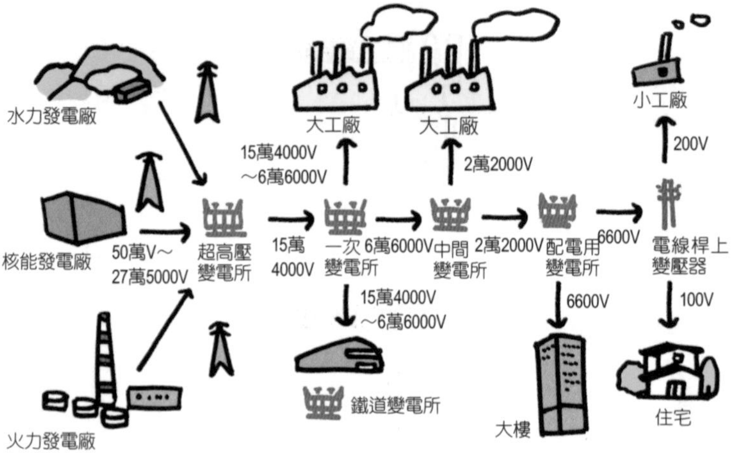

的發電機生產，再流經各地變電所的軟磁性鐵芯變壓器，經過轉換，由運輸電線進入家中使用。軟磁性的鐵芯扮演著這樣的角色。

5 馬達的雙重磁鐵

永久磁鐵＋電磁鐵

除了變壓器之外，馬達也會使用鐵等軟磁性材料。

馬達可分為兩個部分：外側的固定子「定子（stator）」、內側的回轉子「轉子（rotor）」。轉子的字源為「rotate」，意思為「回轉」，轉子的外側為定子，也就是說，轉子的周圍是靜止的東西。這種馬達是由下面兩個部分組合而成：

・電磁鐵＋鐵（軟磁性材料）

・永久磁鐵（硬磁性材料）

首先，外側的定子部分是纏繞線圈的電磁鐵，線圈的中央插入了軟磁性的鐵芯，用以提高電磁鐵的最大功率。在前面變壓器的講解中，有出現式子「$\mu_0(H+M)$」。

進一步，我們也在內側轉子的回轉部分埋入永久磁鐵。

所以，馬達可說是一種「雙重磁鐵」：

・在內側回轉的轉子（硬磁性＝永久磁鐵）

・在外側固定的定子（軟磁性＝電磁鐵）

這兩個部分都會產生磁場。圖3-5-1的馬達，內側的轉子是交互埋入永久磁鐵S極、N極。

轉子部分也有很多種埋入磁鐵的方法。混合動力車、空調等的馬達，會將磁鐵做成板狀的平板磁鐵。

順便一提，可動式玩具使用的小型馬達，內部的轉子是電磁鐵，定子是永久磁鐵。電磁鐵位於外側的定子，用線圈纏繞定子再導入電流，就可以產生磁場。

要在馬達裡導入電流，是相當困難的事情，所以我們改以裝置永久磁鐵，由外側導入電流，使內側的永久磁鐵旋轉，而中央的旋轉軸，帶動車輪轉動，驅動汽車前進。

汽車製造商開始研發不使用永久磁鐵的感應馬達，但這樣一來，內部的轉子部分須為線圈纏繞軟磁性材料，以電刷導入電流。然而，若以原本的方式，轉子部分就沒有必要導入電流。

結果，最後的選擇必須取決於哪種效率比較好？是否能小型化？

3-5-1
「電磁鐵＋永久磁鐵」馬達

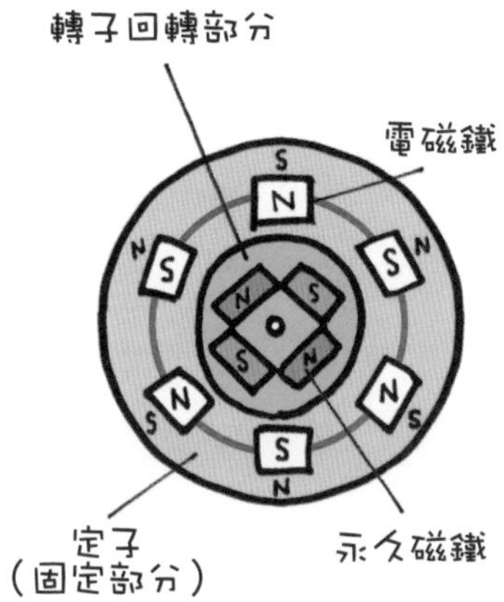

3-5-2 混合動力車的「平板磁鐵」

平板磁鐵IPM馬達

第4節課

磁性的運用

1

4種磁性：鐵磁性、順磁性、反鐵磁性、亞鐵磁性

從材料內部的「磁矩」來看，可分為4種：「鐵磁性、順磁性、反鐵磁性、亞鐵磁性」。另外，還有內部不具磁矩，也完全幾乎不受外部磁場影響的材料，我們一般稱為**「反磁性體」**。

「鐵磁性」根源是「交換交互作用」

一切還是要從**「鐵磁性」**講起。鐵磁性材料的特徵是，磁矩整齊朝同一方向。「鐵、鎳、鈷」是鐵磁性材料，這在前面強調很多次，但為什麼磁矩會朝同一個方向呢？這是因為存在著力量「使原子的電子自旋相互平行」，稱為**「交換交互作用**（exchange interaction）」，鐵磁性材料具有很強的交換交互作用，結果使磁矩朝向同一方向，產生非常高的磁化量。

4-1-1 磁性的種類分為 4 種

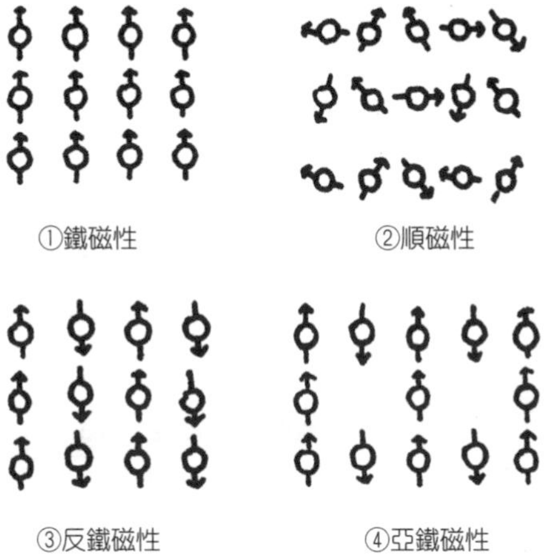

——老師你說：「鐵、鎳、鈷是鐵磁性」，那三者之間有強弱之分嗎？

當然有。以數字表示鐵磁性金屬的磁

4-1-2
鐵磁性元素飽和磁化量的大小順序為鐵＞鈷＞鎳

	M_s（MA / m）	$\mu_0 M_s$（T）
鐵（Fe）	1.71	2.15
鈷（Co）	1.44	1.81
鎳（Ni）	0.49	0.61

化量強弱，請見圖表4-1-2。

鐵的磁化量是壓到性地強，緊接著是鈷，但鈷的價格昂貴，所以鐵合金較適合用來作為磁鐵。

「順磁性」方向不一致

第二種「順磁性」是什麼東西呢？鐵磁性是原子的電子自旋朝同一方向，產生強大的交換交互作用。

然而，若是這個交互作用小，而且電子自旋因高溫而朝不同的方向，則電子自旋的方向容易受到外部磁場影響。這樣的性質稱為**「順磁性」**。

反鐵磁性

第三種是反鐵磁性。「錳、鉻、鋱錳（合金）」屬於反鐵磁性，「相鄰原子的磁矩方向相反」，有著非常有趣的特徵。反鐵磁性體因為「負的交換交互作用」關係，相鄰原子的電子自旋會反向平行排列。順磁性因為磁矩朝向各方，磁矩相互抵消變為零；反鐵磁性則是相鄰磁矩的列朝反方向，全部相互抵消，於是總磁矩變為零。這樣當然不會被磁鐵吸附。

如同上述，順磁性和反鐵磁性的材料性質不同，但就生活上的感覺來說，兩者都是不會磁化的材料，反鐵磁性材料常常被當作「非磁性體」。

──反鐵磁性，真是有趣的性質耶。但是，性質和順磁性類似，同樣無法作為磁鐵使用。

沒錯，一般會認為「反鐵磁性沒有辦法作為磁鐵使用」。其實，也不盡然是如此，硬碟（HDD）中的讀取頭便巧妙運用了反鐵磁性這項奇異的性質。藉由鐵磁性與反鐵磁性的耦合作用，固定鐵磁性體的磁化方向，可以使HDD具有新的性質。

鐵具有軟磁性這個弱點，但馬達、變壓器卻巧妙利用了這個性質。同樣的道理，反鐵磁性端看你怎麼運用。

亞鐵磁性——保磁力如何？

最後是**「亞鐵磁性」**，鐵氧體磁鐵是其中的代表。鐵氧體磁鐵為製鋼工程中的副產物，是非常便宜的磁鐵。鐵氧體磁鐵為亞鐵磁性，帶有磁矩，也具有不錯的磁晶異向性，十分具備磁鐵的素質。另外，亞鐵磁性受到外部磁場影響時，磁化的現象和鐵磁性沒有多大的區別。

亞鐵磁性和反鐵磁性類似，相鄰的電子自旋方向相反，但不像反鐵磁性有相同數量的電子自旋，經過相互抵消，整體仍然可以釋放磁場。

鐵氧體磁鐵所使用的化合物、氧化物，全部都是亞鐵磁性材料，例如Fe_2O_3（鐵2：氧3）鐵氧化物也是亞鐵磁性。

但是，如同剛才所說的，亞鐵磁性相互抵消的部分很多，因此不容易對外產生高磁化量。

前面提過鐵氧體磁鐵「最大磁能積約為40K焦耳（/m^3）」，但若是鐵氧體的磁性能夠提高一些，再加上本身是非常便宜的磁鐵，有可能顛覆磁鐵世界的認知。

今日，我們對磁鐵的認識是「低價、低性能的鐵氧體磁鐵；高價、高性能的釹磁鐵」。

——雖然鐵氧體磁鐵性能低，難道不能做成大型的鐵氧體磁鐵來增強磁力，用在混合動力車的驅動馬達上嗎？這樣不但價格便宜，也不需要添加鏑。

的確，這樣就不需要鏑了。但不要忘記重要的事情，使用釹磁鐵最大的優勢就是，馬達、發電機可藉使用強力磁鐵來「小型化」。

雖然使用巨大的鐵氧體磁鐵也可以製造馬達，但鐵氧體磁鐵的體積大，馬達會顯得大型笨重。若使用鐵氧體磁鐵，

4-1-3
釹磁鐵（左）與鐵氧體磁鐵（右）的吸引力比較

導致一部分突出車體，請問堅持使用這種馬達的意義何在？我們必須加以考慮。

2 HDD是磁鐵的集合體！

塞滿一堆迷你磁鐵的HDD

——研習課程曾說過：「HDD使用了很多磁鐵」，聽到HDD利用了剛才說的「反鐵磁性」性質，讓我產生了興趣。HDD是怎麼利用這項性質呢？

要怎麼說呢？反鐵磁性是「相鄰的電子自旋方向相反」，結果使磁化量為零，所以

4-2-1 HDD使用許多磁鐵

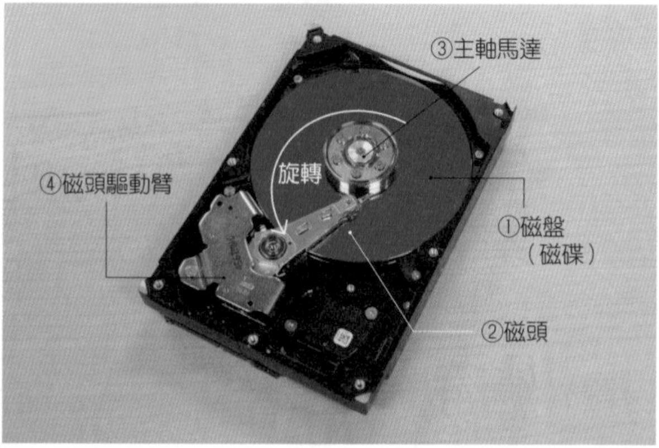

會覺得這些材料「好像沒有什麼用……」。前面提過，猛、鉻、銥錳合金等，是反鐵磁性的代表材料。

反鐵磁性材料最活躍的領域，就是HDD的世界。

上圖①的部分為磁盤，在圓形的磁碟表面上密佈10奈米（nm＝10^{-9}m）大小的柱狀奈米磁鐵。這個磁鐵是由Co-Cr-Pt（鈷、鉻、鉑）組成，磁化垂直於表面，方向為向上或向下，以磁性的上下方向來記錄數位信號的0與1。

②是磁頭部（magnetic head），磁碟部分在高速旋轉的時候，經由磁頭將資料寫入磁碟中，或從磁碟中讀取資料。這是使用奈米大小的元件，在奈米級的磁鐵上讀取、寫入、再生，可說是神乎其技。

③的圓形部分位於磁碟的正中央，稱為**主軸馬達**（Spindle Motor），使用了釹磁

4-2-2 磁頭的縱向記錄方式

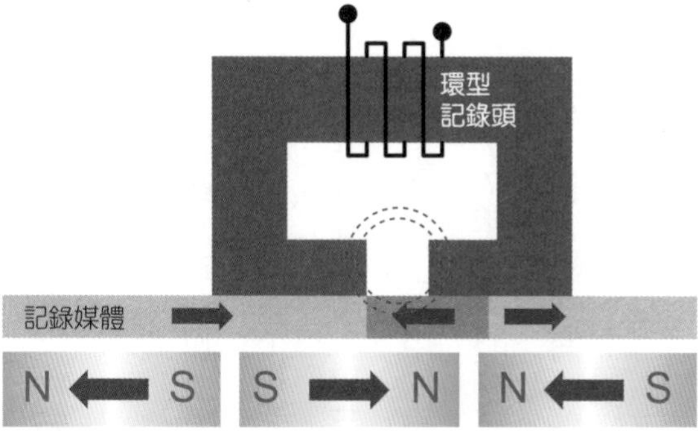

鐵。但是，這裡的釹磁鐵為黏結型磁鐵（釹黏結磁鐵），以性能較低的磁鐵就足以應付。黏結磁鐵是磁體粉和塑膠混合固化後的產物。

決定磁頭位置的是④的磁頭驅動臂，這裡需要使用真正高性能的釹磁鐵（燒結法）。

圖4-2-2是放大磁頭前端的示意圖，磁記錄方式為「**縱向記錄方式**（水平記錄）」。磁頭的地方有環和線圈（微小的電磁鐵），在線圈中導入電流，使高速旋轉的磁碟上，極小磁鐵（奈米磁鐵）產生磁場，並以「NSNN……」方式寫入極性，電腦則將其轉換成「0、1」訊號。這就是寫入磁頭的功能。

那麼，讀取資料的時候呢？寫入資料的奈米磁鐵在磁碟上高速旋轉。旋轉產生磁場，再由感測器捕捉漏出的「NSNN……」磁性訊號，轉變為電壓。其實，這個再生磁頭的感測器，就是使用前面提問所說的，反鐵磁性的銥錳合金。

ＧＭＲ磁頭活用「反鐵磁性」

這個縱向記錄方式，膜上附有微小的磁鐵，可於水平方向寫入「ＮＳＮＮ……」，但不久便會出現記錄密度不夠的情形。

於是，２００５年時，東芝率先將「縱向記錄方式」改成**「垂直磁記錄方式」**，不久便普及到各生產單位使用。垂直磁記錄方式是，岩崎俊一先生（現為東北工業大學理事長）於１９７７年提出的概念，到實際應用幾乎將近有30年的時間。

前面的縱向記錄方式有一個弱點，為了提高記錄密度，我們選擇縮短磁鐵的間隔，結果相鄰兩磁鐵之間產生排斥力，減弱了磁力。而垂直磁記錄方式就沒有這個問題，能夠穩定擴充ＨＤＤ的容量。

這個垂直磁力方式，使用的「感測器」是**ＧＭＲ磁頭（巨磁阻磁頭）**。這種再生磁頭使用反鐵磁性材料，用來檢測微弱磁場轉為巨大磁場（Giant），是一種高性能、高敏

4-2-3 磁頭的垂直磁記錄方式

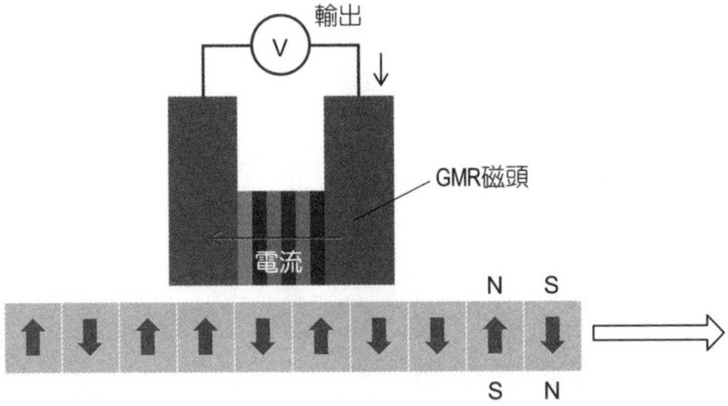

感度的感測元件（圖4-2-3）。

GMR磁頭的研發，歸功於艾爾伯・費爾（法、Albert Fert）、彼得・格林貝格（德、Peter Grünberg），兩人於2007年榮獲諾貝爾物理學獎。兩人得獎的理由為，GMR磁頭使HDD大容量化的貢獻。但在此必須強調，HDD能有今日的發展，釹磁鐵的存在亦不容忽視。

最早垂直磁記錄實用化，磁記錄密度為每平方英吋約150GB，現在則擴充到約800GB。高密度磁記錄，淘汰了GMR磁頭，改用穿隧式磁阻元件（TMR）。

利用反鐵磁性的自旋閥

——縱向方式、垂直方式的再生磁頭都利用「反鐵磁性」，具體來說是怎麼利用呢？

怎麼說呢？那麼，在此以GMR再生磁頭的自旋閥元件來說明。

自旋閥是以「反鐵磁性」層（圖4-2-4的①）為底層，上方為「鐵磁性、非磁性、鐵磁性」三明治結構的四層構造。

兩鐵磁性層平行，電子容易穿梭其間，電阻大幅降低。也就是說，「磁場改變，電阻也會跟著改變」，這是感測器功用的表現。

兩層鐵磁性層之中，其中一層的磁場必須朝一固定方向。

請看圖4-2-4的四層構造，由下而上分別為①反鐵磁性（底層）、②鐵磁性、③非磁性（銅）、④鐵磁性的四層三明治結構。

作為感測器時，只有最上層④鐵磁性體的磁性方向能改變。因為能夠自由變化，所以稱為自由層。這是為了外界施加磁場時，可以自由變換磁性方向。

另一方面，②鐵磁性體的磁性方向固定，朝同一方向。因為像是被夾著動不了一樣，所以稱為固定層。

那麼，要怎麼做才能使②鐵磁性層「固定」朝同一方向呢?也就是說，外界施加強大磁場時，如何使磁化方向不會改變?

4-2-4 自旋閥的四層構造

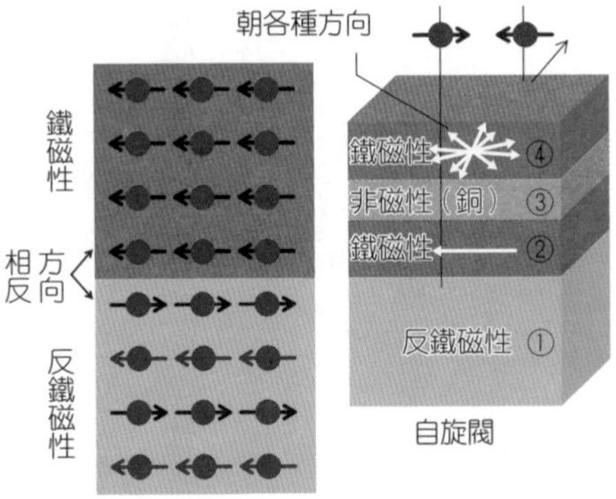

4-2-5
方向相反、電阻提高；
方向相同、電阻降低。

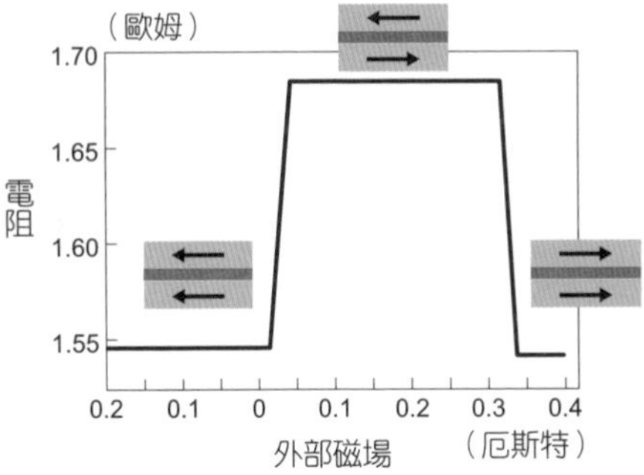

因此，我們選擇以②為底層，①為反鐵磁性。反鐵磁性體具有整齊反向排列的性質。若最後一層反鐵磁性如圖4-2-4的左圖向右，則上方的鐵磁性體應該向左。這樣一來，鐵磁性層的磁性方向全都會朝同一方向，下方又有反鐵磁性層，所以能夠固定鐵磁性體的方向。

如同上述，反鐵磁性層扮演著**「固定鐵磁性層的磁性方向」的角色**。

各種材料中，也許有令人覺得某些性質「不好用！」，但如同上述，若能有效利用這些性質，可使材料帶來更多的效益。

3 不可思議的浮動磁頭

磁碟的表面結構

前面我們大略觀察了HDD的磁碟表面，這次我們利用電子顯微鏡觀察，圓板狀磁碟由哪些層所構成。第1張影像（圖4-3-1）是由上往下俯視磁碟平面，我們可以看到鈷合金粒子。1個粒子大小約為6奈米。

第2張影像（圖4-3-2）是磁碟的截面圖，軟磁性材料層上面的鈷合金磁鐵，以氧

4-3-1 磁碟的平面影像

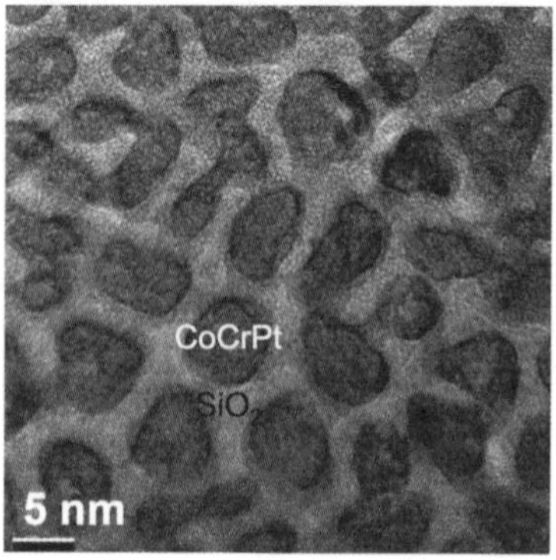

可以看見鈷合金的粒子（約6nm）

4-3-2 磁碟的截面影像

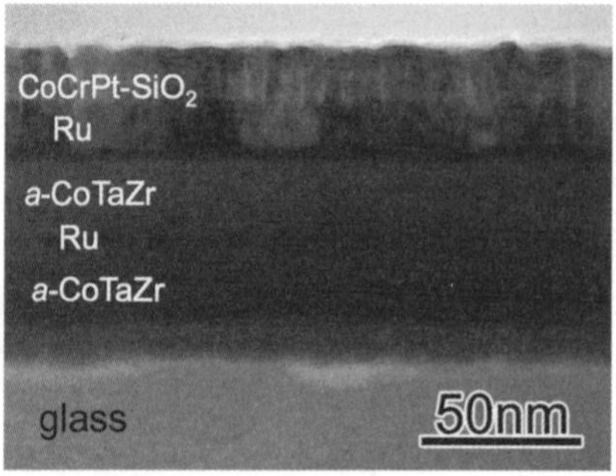

在非晶質的「Co-Ta-Zr」上面，利用釕Ru的縱長板狀結構，「Co-Cr-Pt」平行堆疊於板面上，結果易結晶軸垂直於磁鐵表面。

化物分離奈米粒子，促使橫向水平發展。

2・5英寸HDD，玻璃基板上具有非晶質鈷鉭鋯的薄層，在更上面有釕（Ru＝原子序44）層，堆積厚度約為27奈米。

——為什麼要加入釕元素呢？

問的好。釕元素是縱長型的板狀結構（HCP結構）。因此，密佈原子的成長面會平行於釕板面。如此一來，在上方堆積Co・Cr・Pt（鈷、鉻、鉑）合金的密佈面，也會和板面平行成長，縱長型HCP的磁晶異化軸會垂直於磁碟面。雖然不容易理解，但我們可記住，結論是「磁化會垂直於磁碟面」。

4-3-3 釹磁鐵可以有「5nm」精密度。

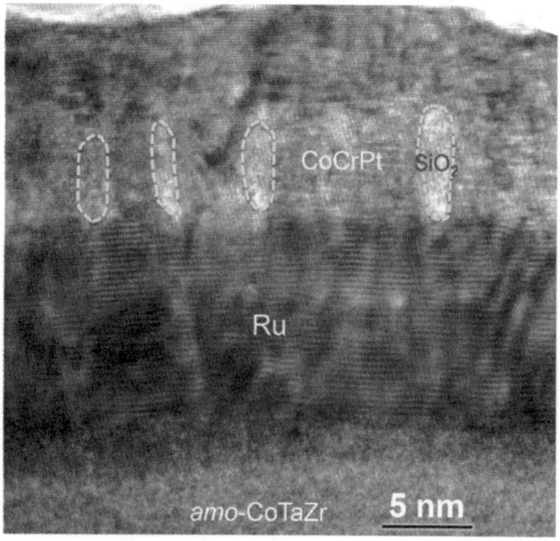

釕和鉑同樣是非常高價的貴金屬。現在的磁記錄媒體釕層，厚度約為20奈米，需求量相當的多。如何將這個釕層替換成便宜的元素，也是我們減少稀有金屬使用量的重要研究。

如同上述，磁碟是藉由奈米級的各種積層來控制。

第3張影像（圖4-3-3）是以更高解析度電子顯微鏡，觀察第2張影像，大小約為5奈米。

磁碟運作時，磁頭在上方高速移動，讀取資料。你們認為磁碟和磁頭之間的空隙有多大呢？

以波音747和日本成田機場的大小關係來比喻，這個空隙就好比降落在成田機場的波音747，距離降落時的跑道大小，約為1.5毫米，令人驚異的極窄空間。使磁頭正常地精密運作，釹磁鐵扮演著重要的角色。

4-3-4
磁頭與磁碟的間隙，相當於波音 747 以距離跑道上空 1.5 毫米的空隙滑翔。

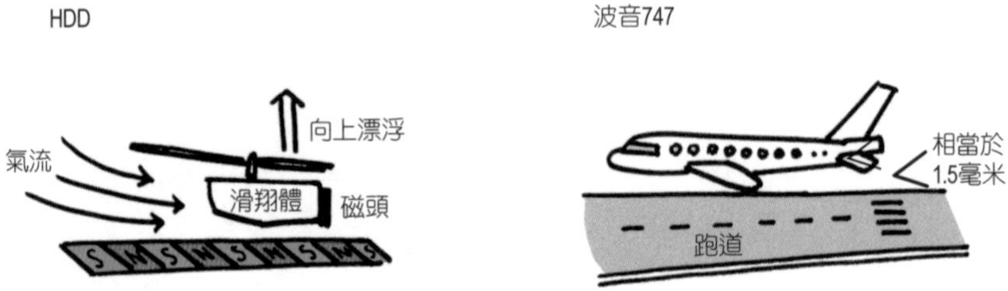

藉由磁碟的高速旋轉產生空氣的流動，使磁頭產生往上漂浮的「神技」。

若將HDD的神技比喻為波音747，相當於飛機距離跑道上空只有1.5毫米的空隙在滑翔。

令人驚奇的浮動磁頭

——先不管釹磁鐵能不能精準控制，1．5毫米的空隙是指什麼？

HDD的磁頭在磁盤上移動讀寫，這是一個令人驚奇的技術。我們經常拿波音747比喻為磁頭。

磁頭在磁碟上移動，又稱為**浮動磁頭**（flying head）。浮動磁頭產生磁場，將磁碟上的奈米磁鐵改寫為SN、NS。磁鐵釋出磁場，由再生磁頭的磁感測器轉換成電壓來讀取。

然後，若將磁碟和磁頭的關係比喻為波音747（磁頭）和成田機場（磁碟），可以想成一架波音747以1．5毫米的空隙，近乎零距離在跑道上空滑翔。

磁碟表面一定要完全平坦嗎？真正的跑道表面是凹凸的水泥地，但1．5毫米的間隙不能容許有凹凸不平。即便只是極小的石子掉落，也可能造成磁頭毀損。就這層意義來說，HDD所使用的奈米技術，著實令人驚豔。

Column

和磁鐵的關係？

——現在是休息時間，我想問個私人的問題，為什麼老師會對磁鐵感興趣呢？

我因為熱愛音樂而對錄音帶的磁力產生興趣，這是我開始磁鐵研究的出發點。磁帶上塗滿氧化物粒子。

我從國中就開始喜歡音樂，對音響產生興趣。當時流行卡式錄音帶，翻閱許多的相關廣告、雜誌，大多介紹高規格卡帶優於一般卡帶，或者金屬卡帶更能忠實呈現原聲。一般卡帶使用氧化鐵的磁性粉，高規格卡帶使用鉻的磁性粉（後來換成鈷），金屬卡帶使用沒有氧化（磁化量較高）的鐵粉。

TDK卡帶的廣告描繪了「磁滯曲線」圖表，還有磁帶上面密佈細微的氧化物鐵磁性體的照片，我是看著這些東西長大的。這是我開始對磁性材料感興趣的契機，上大學時，原本想要專攻通信工學而選擇東北大學，但入學考試時罹患流感發高燒，成績不甚理想，最後分發到金屬學系。

「金屬學系也滿有名的，沒關係啦。」抱著這樣的心態入學，在上材料課程時，覺得「材料還滿有趣的耶。」開始認真學習材料。然而，大四分發研究室的時候，感興趣的磁性材料研究室很熱門，採抽籤分發的形式。而且，若是未中籤，會分配到當時我完全沒興趣的化學系研究室。「化學是絕對不行！」我產生這樣的想法，打消憑運氣抽籤的心態。

還有一個我放棄化學研究室的隱藏理由。研究室有一個傳統，研究室的學生必須和其他女大學生聯誼，「我絕對做不到！」所以決定放棄抽籤。

於是，我進入金屬物理系研究室，想說只要打好基礎，將來一定會有所幫助，後來進入研究所，也選擇和磁鐵沒有關係的研究，但我始終對磁性材料抱持著興趣。

Column

和原子探針相遇

進入研究所，因緣際會之下，榮幸接觸當時最先進的領域，使用原子探針（Atom Probe）裝置對金屬進行原子級的解析。那時，全世界只有3台原子探針，當時我雄心壯志，希望總有一天自己也能製造這樣的裝置。只是，當時的研究經費需要數億日圓。就在那個時候，好運來敲門，東京大學物理研究所的櫻井利夫教授，替我安排前往美國賓夕凡尼亞州立大學（通稱賓州大學）進修。

原子探針是賓州大學E・馬勒（Erwin Muller）教授於1968年所發明，賓州大學是原子探針的誕生之地。那個時代是以示波器來測量個別原子的飛行時間，如同「原子微探（Atom Probe）」字面上意思。櫻井利夫教授在賓州大學取得學位後，返回日本物性研究所（東京大學），櫻井教授能夠製造原子探針，致力於專業表面科學的研究。

埋首於磁性研究！

在賓州大學留學期間，我埋首於原子探針進行金屬材料的奈米解析，後來轉到卡內基美隆大學。剛好，卡內基美隆大學磁性材料研究中心，正在進行磁記錄的相關研究。在那裡我才終於開始進行磁性材料的研究。岩崎俊一先生提倡的垂直磁記錄研究，在當時相當盛行，人們也著手鈷鉻磁記錄媒介的研究。鈷、鉻是硬碟記錄層所使用的材料。

在那個時代，美國非常關注日本的磁記錄研究，每當日本的磁相關企業開設研究專家會議，美國馬上就將磁記錄相關的日文論文翻譯成英文。那時美國研究專家非常投入收集日本的研究情報。

這項研究是使用電子顯微鏡，改變方法條件，來觀察磁記錄媒介細微結構的重大變化。即便是相同的材料，經由不同的方法，磁媒介的特性會有重大的改變。以這樣的方式，研究細微結構與磁特性的關係，並思考如何提升特性——我當時沒日沒夜埋首於這項有趣的主題。磁性材料的研究是非常快樂的事情。

後來，受到日本東北大學金屬材料研究所的邀請，於是我回到日本。其實，引薦我到賓州大學進修的櫻井老師，後來轉調東北大學金屬材料研究所擔任教授，所以把我召回來。

轉調回到金屬研究所，我的第一份工作就是組裝原子探針。我之前的夢想就是從零開始組裝原子探針，用來進行金屬材料的研究。現在休息時間差不多快結束了，我們到後面再來詳細介紹原子探針。

第 5 節課

挑戰終極製造——釹磁鐵

1

釹磁鐵的製造有「隱藏成分」嗎？

——「不使用鏑的釹磁鐵」開發競爭愈演愈烈，令人非常期待，但是否可以先解說「過去釹磁鐵的製造方法」？

5-1-1 $Nd_2Fe_{14}B$ 的組成

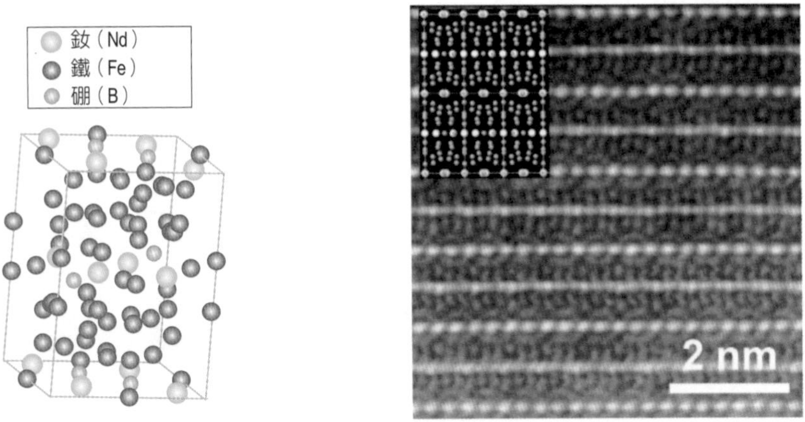

按照比例混合無法複製釹磁鐵

前面大致說明燒結法，接下來要介紹釹磁鐵的製造方法。

釹磁鐵有兩種，磁化方向一致的「異向性磁鐵」，和使用上不受方向影響的「等向性磁鐵」。混合動力車的引擎等需要的高性能磁鐵，大部分都是異向性磁鐵，最具代表性的是燒結法製造的釹磁鐵，主要成分如同前面的說明，化合物的比例為「釹2：鐵14：硼1」（$Nd_2Fe_{14}B$）。

然而……單純以這樣的成分比例混合材料，熔化後製作合金，最後合金並不會產生保磁力。保磁力幾乎為零，無法作為磁鐵使用。這真的很奇怪，明明是按照釹磁鐵化合物的成分比例製作，但卻無法作為磁鐵使用……你們認為這是怎麼回事呢？

——會不會是有什麼「隱藏成分」呢？像是要偷偷添加金或銀之類的。

嗯，的確，這和史上最強釹磁鐵的化合物組成相同，同樣為「釹2：鐵14：硼1」。化合物的構造如前頁圖5-1-1所示。

單位「正方晶」晶體含有72個原子。底面原子層含有「釹Nd、鐵Fe、硼B」，往上大致有三層純鐵的原子層，再往上又是含有釹Nd、硼B、鐵Fe的原子層，以此規則堆疊原子層。

釹鐵硼磁鐵的單位晶體原子比為「釹：鐵：硼＝2：14：1」。將這樣的組成熔化後凝固為合金，合金完全由$Nd_2Fe_{14}B$化合物所構成。但是，不可思議的是，所產生的保磁力卻幾乎是零。

利用電子顯微鏡尋找「保磁力幾乎為零」的原因

該如何使磁鐵產生保磁力，正是製造磁鐵的有趣之處。

圖5-1-2是用掃描式電子顯微鏡（SEM＝Scanning Electron Microscope）觀察燒結磁鐵

5-1-2 以掃描式電子顯微鏡觀察（$Nd_2Fe_{14}B$）

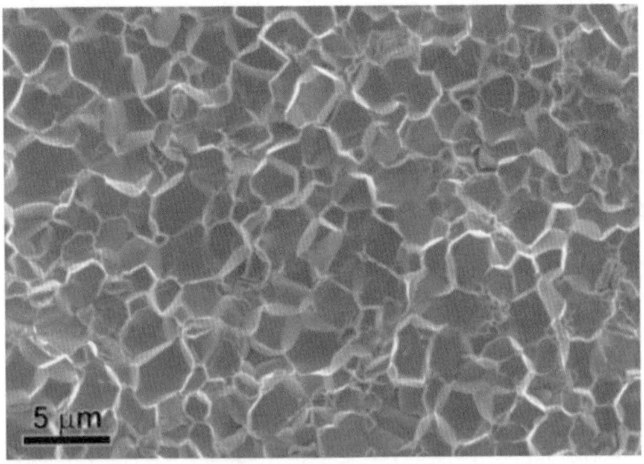

5-1-3 釹磁鐵的秘密就隱藏在「晶界」相之中

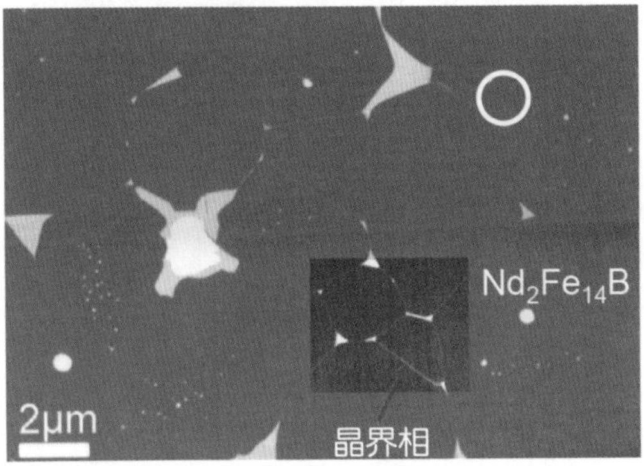

因衝擊而破裂的斷面。我們可以在表面看見粒子，表示燒結磁鐵是由無數微米大小的晶體所組成。藉由固化這樣的細微晶體，可產生保磁力。那麼，兩晶體之間又會變得如何呢？

圖5-1-3的影像是先將剛才的斷面磨平，再用掃描式電子顯微鏡（SEM）觀察所得到原子組成的細微影像。影像中灰色的部分為「釹2：鐵14：硼1」（$Nd_2Fe_{14}B$）的化合物晶體。灰色部分$Nd_2Fe_{14}B$晶體，與晶體區隔的界面（邊界面），稱為**「晶界」**。

試著強化圖中一部分的影像對比，使晶界的邊界處，可以明顯看出明亮的薄層。也就是說，晶界邊緣的釹（Nd）濃度比較高。如同上述，「形成釹濃度較高的晶界，合金可產生高保磁力。」

晶粒形成多面體的型態，所以，這些晶體堆積的空間，其中必定會出現空隙。這些空隙位置稱為**「晶體的三相點」**。在三相點裡看起來明亮的相態裡，有比較亮的部分，也有比較暗的部分。

製造方法中的「富釹相」秘密

——這個「看起來比較亮的部分」很可疑喔。

沒錯。看起來比較亮，是因為這些區域的釹濃度高（富釹）的緣故，這些位置我們稱為**「富釹相」**。從前命名不夠嚴謹，但因為我們不瞭解其真面目，也就只能這樣稱呼。現在，我們已經瞭解，富釹相中除了金屬釹（Nd）之外，還含有釹的氧化物、釹的硼化物。硼化物是和硼結合的化合物。

就結論來說，不論我們怎麼忠於製造方法，以「$Nd_2Fe_{14}B$」比例來製造釹磁鐵，若保磁力幾乎為零，就無法作為磁鐵。那麼，該如何提升保磁力呢？——其實，這個富釹相正是釹磁鐵表現大保磁力的關鍵。這已經由我們的研究證實了。

富釹相的釹含量比灰色的部分還要多，所以燒結法製造磁鐵的時候，我們必須加入比本來的釹含量（$Nd_2Fe_{14}B$）再多一些的釹。只是按照「$Nd_2Fe_{14}B$」比例，晶界無法形成富釹相，無法製造強力磁鐵。

將「釹2：鐵14：硼1」以百分比來表示，會變成「釹12%：鐵82%：硼6%（合計100%）」。然後，增加釹含量則變為以下比例：

①釹12%：鐵82%：硼6%

↓

②釹14．5%：鐵77%：硼6%

釹的濃度提高，鐵的濃度相對會減少，不足的2．5%是為了添加微量的「鋁、銅」。這些微量添加物，正是「隱藏成分」。

因為釹容易氧化，所以除了微量添加的元素之外，還會另外加入氧元素。還有，為了使晶體容易在磁場中重新分配方向，我們也會加入碳元素作為潤滑劑。

使磁矩的方向一致

然後，以前面②的組成製造合金（鑄錠）。這樣一來，這個核心的釹比例，比①的

5-1-4 噴射研磨機：高速氮氣噴射再粉碎磁粉末

5-1-5 白色小部分是「富釹相」

釹比率過剩，「富釹相」會被擠出「釹2：鐵14：硼1」（$Nd_2Fe_{14}B$）濃度相態，流入晶界、三相點等空隙中。

②合金吸收了氫元素，不但體積增加，合金塊也變得零零碎碎，最後變為粉狀。然後，將小到某種程度的碎塊置入噴射研磨機（圖5-1-4）之中，接著置入高速旋轉的氮氣噴射，再粉碎一次，變成非常細微的粉末。這邊產生的問題是，過程中會摻雜氧氣。關於這點下面會再說明，這邊請你們先了解即可。

圖5-1-5是掃描式電子顯微鏡（SEM）觀察細微粉末的影像。淡灰色部分的組成為「釹2：鐵14：硼1」

（$Nd_2Fe_{14}B$），而看起來細小白色部分，為過剩釹所形成的「富釹相」。

在這個階段，因為還沒有外加磁場，所以磁化方向如同圖5-1-6向各處不一（等向性）。此時，若在微粉外部以電磁鐵施加強大磁場，固定微粉，磁化就會如同②一樣朝同一方向，發揮最大磁化量。

「釹2：鐵14：硼1」（$Nd_2Fe_{14}B$）的晶體，如同前面所示為正方晶結構。自然狀態下，此結晶容易朝長邊方向磁化。也就是說，由晶體外部施加磁場，自發性的磁化容易平行於磁場。

如同上述，材料有容易磁化的方向，這是易磁化軸，在前面曾說明過。然後，從外部施加強大磁場，使磁場方向一致的是異向性磁鐵。若想要從磁鐵得到強大的磁能積，我們就必須像這樣重新配置晶體方向，製造異向性磁鐵。

將如圖5-1-6①方向不一致的磁鐵，表示成磁滯曲線，圖形不會是直立的曲線，而會是扁塌的曲線（橫軸較寬的曲線）。因為縱軸方向較短，殘留磁化量（Mr）不高。這是等向性磁鐵的磁滯曲線。

想要製造高性能磁鐵，殘留磁化量（Mr）必須要高。在這個階段，在外界施加磁場來固定磁粉，各個晶體的磁化會如②朝同一方向，發揮強大的磁化量。

5-1-6 異向性與等向性

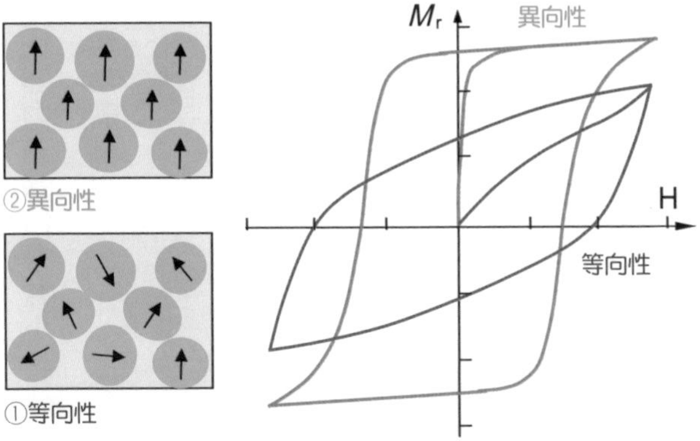

5-1-7 將磁粉放入爐內燒結

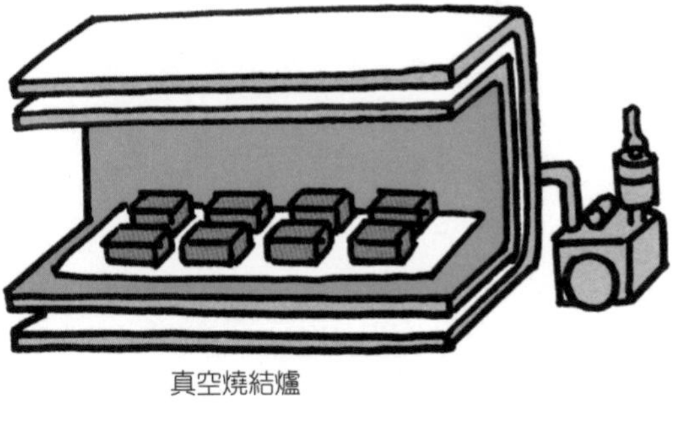

真空燒結爐

將磁化的磁粉放入爐中燒結，能夠燒製堅固的磁鐵。這就是被稱頌為史上最強的「釹磁鐵」。1・4特斯拉的釹磁鐵，若僅有1立方公分的體積大小，即可產生舉起5～6公斤重物體的磁力。

這個強力磁鐵中帶有小晶體，研磨晶體表面再用掃描式電子顯微鏡觀測，可以看見含有富釹相的晶界。

2 挑戰3微米障礙

製造1微米的磁粉！

在1984年發明釹磁鐵的佐川真人先生（現任職於Intermetallics公司），現在和我一樣致力於「省鏑釹磁鐵」研發。研發過程中，他挑戰製造1微米（1000奈米）晶粒的釹磁鐵，成果如圖5-2-1的左圖。

5-2-1 Intermetallics 公司的超微晶體燒結釹磁鐵

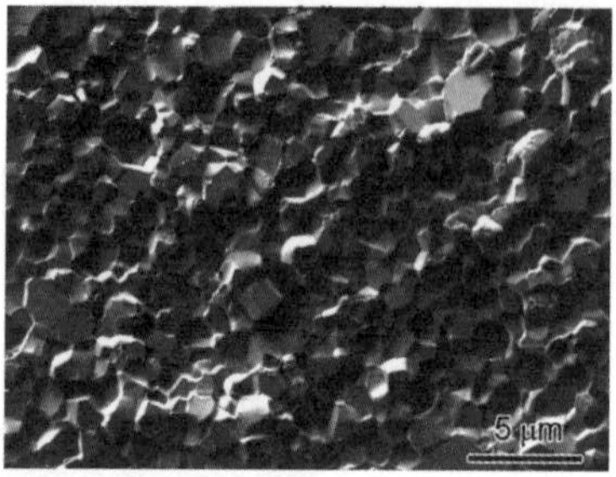

Intermetallics公司的1微米晶粒磁鐵

←

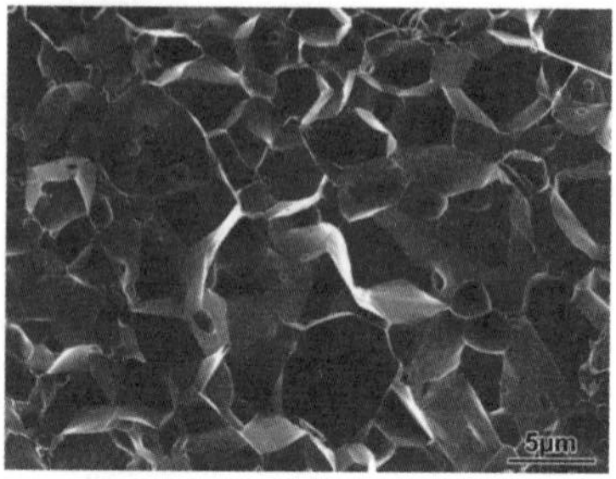

市售的燒結磁鐵

——為什麼他會想要製造1微米晶粒的燒結磁鐵呢？

在我們說明1微米之前，必須先解釋什麼是「3微米障礙」。

請看圖表5-2-2，橫軸為磁粉的晶體大小，縱軸為保磁力。由圖表中可知，釹磁鐵的磁粉大小與獲得的保磁力成正相關，呈現一條斜直線。但是，這邊需要注意的是，橫軸的刻度為對數。

由圖表可知，磁粉的晶粒徑愈小（愈往圖表左側移動），保磁力會成正比上升。明顯地，圖形是從右下往左上直線攀升。

那麼，只要將磁粉盡可能的縮小，性能就能夠提高嗎？但實際上並不如預期。如圖所示，當小於

3微米的時候，即便繼續縮小晶粒徑，保磁力也不會突破1．7特斯拉，反而還會大幅下降。因此在磁鐵的研究開發上，面對一種稱為「3微米障礙」，必須加以克服。

3微米之謎

5-2-3 小於3微米如何繼續提高保磁力？

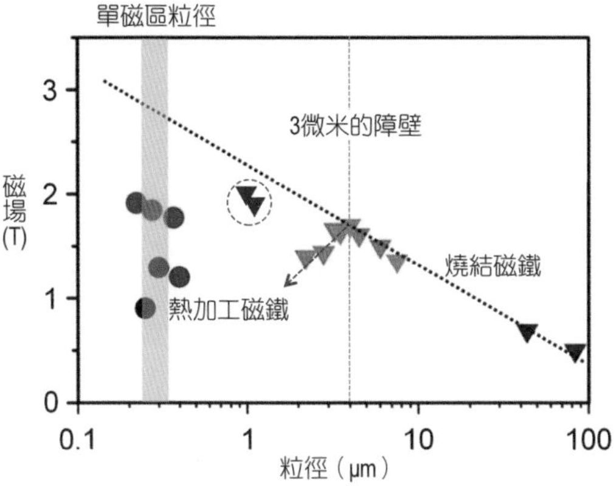

於是，除了前面提到的原子探針，我們也使用了掃描式電子顯微鏡（SEM）、穿透式電子顯微鏡（TEM＝Transmission Electron Microscope），徹底探究**「為什麼當粒徑小於3微米，保磁力反而會下降？」**終於成功發現其中的原因。

就結論來說，**「釹合金粉的氧化」**阻礙了保磁力的提高。當磁粉小於3微米的時候，燒結法中噴射研磨的製粉過程，有多餘研磨的釹氧化。這就是前面209頁提過的釹磁鐵製作過程。

燒結磁鐵中，富釹相的部分是釹的氧化物，但還需要有一部分金屬。維持三相點。金屬釹用以提供晶界釹元素。

然而，若釹全部氧化，晶界就失去釹的供應源，晶粒會直接相互接觸，導致磁鐵的保磁力下降。

於是，Intermetallics公司開發了不需要壓製加工的新式燒結法，在低氧的氬氣中製造磁鐵，防止磁粉與氧結合。藉由新方法，晶粒小於3微米並不會發生氧化，即便晶粒徑縮小到1微米，保磁力也不會掉落，獲得2特斯拉的強大磁力，超越過去的1・7特斯拉。

——這真是傑出的成果。這表示汽車公司過去的難題，製造混合動力車等使用的釹磁鐵（不使用鏑元素）已經得到解決嗎？

沒有，保磁力還是不夠強。釹磁鐵的最終目標是，混合動力車、電動車的「高性能驅動馬達使用的磁鐵」。驅動馬達最少需要2・5特斯拉的保磁力，僅2特斯拉沒有達到標準，我個人是希望能達到3特斯拉。

所以，雖然提升到2特斯拉，但目標尚未達成。只是，藉由新式燒結法，我們確實突破了「3微米障礙」。超微晶燒結磁鐵，讓我們只需要少量的鏑就能大幅提高保磁力，幫助減少鏑的使用。這是有效的方法之一。

向1微米邁進

佐川先生也開始思考「向1微米邁進」，希望最終能將晶粒大小做到0・5微米程度的晶徑，想藉此以更加提高保磁力。

但是，這樣會出現兩個問題。第一，想要燒結成0・5微米的晶體組織，實際上需要將每個微粉縮小到0・3微米的程度，製造會變得更加困難。

第二個問題是，以燒結法縮小晶徑的想法，會遇到另外一個難題，那就是會混入氧氣。釹等稀土元素本來就具有「活性大」特徵，「活性大」講白一點就是「容易與氧結合發生爆炸。」

超微磁粉小到0・5微米、0・3微米程度，接觸空氣的表面積相對會急遽增加，對於需要穩定量產的工廠來說，還有許多必須克服的障礙。

3「液態急冷＋熱加工」兩階段方法

其他探索方向

所謂的研究是，即便終點目標一致，仍要多方面討論其他方向和方法。除了運用在燒結法中縮小磁粉的方法達成極限，難道沒有其他方法了嗎？每當眼前遇到困難，探討「有無其他方向？」正是研究的趣味所在。

5-3-1 熱加工形成的結構（左）與燒結法形成的結構（右）不同

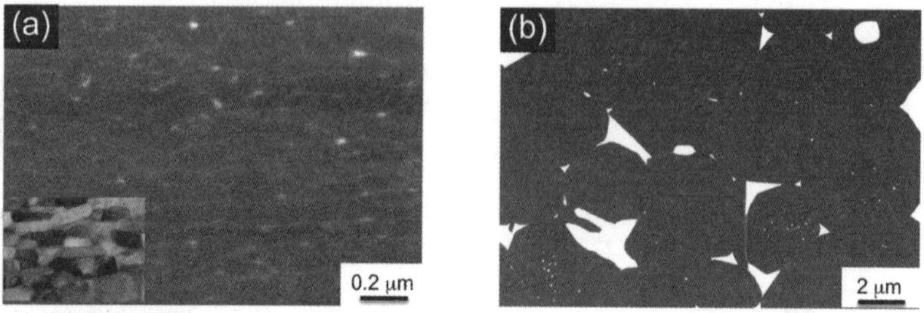

熱加工磁鐵　　燒結磁鐵

我們現在要用和前面「燒結法」完全不同的方向、不同的方法，嘗試製造超細微的結構。圖5-3-1右圖為一般燒結法製造的細微結構磁鐵（b），左圖為前面說明過的「**熱加工**」製造的磁鐵結構（a）。

燒結法影像的比例尺為2微米；熱加工法為200奈米。1奈米＝1000微米，也就是說，熱加工的影像為0．2微米，為燒結法的10分之1。

液態急冷法實現0．02微米

現在趕快來介紹我們所要嘗試的方法「**液態急冷法＋熱加工**」。

前面我們大致說明過液態急冷法，這是將製造磁鐵的合金，熔化成黏稠液態，再急速降溫。急速冷卻，是讓合金黏稠液態掉落到高速旋轉的銅滾輪，瞬

5-3-2 在這個碎片堆中，擠滿了許多約 20 奈米的細微晶體

間降溫磁鐵，形成帶狀結構。由於是從高溫液態瞬間降溫凝固，所以此方法稱為**「液態急冷」**。

使用液態急冷法，「釹、鐵、硼」合金在瞬間降溫的時候，會如圖5-3-2一樣形成薄片狀粉末。這些粉末的大小約為100微米左右，如同圖5-3-2所示，粉末中擠滿了許多20～50奈米的極小晶體，也就是0.02～0.05微米大小的晶體。

燒結磁鐵最小為1微米（1000奈米），即液態急冷法的粉末，大小只有20分之1～50分之1。燒結法的1個微粉就是1晶粒，晶粒直徑愈小，微粉必須愈小，導致變得難以抑制釹的氧化。

另一方面，液態急冷的粉末，1個微粉會形成無數個幾十奈米的晶粒。會接觸到氧氣的只有約100微米的微粉（影像的碎片）表面，位於內部的晶界完全不會接觸到氧氣。這樣的微粉尺寸較大、危險性小，處理起來較為容易。

——記得老師在前面說過，釹磁鐵分為兩種，佐川先生燒結法的釹磁鐵，和克羅托液態急冷的釹磁鐵。克羅托的釹磁鐵「磁性較弱」……是嗎？

沒錯。的確，現在所介紹的方法是克羅托的釹磁鐵製法。因為有史上最強的佐川先生燒結法釹磁鐵存在，將微粉和樹酯一起凝集的克羅托先生液態急冷黏結磁鐵，才不得不退居第2位。因為這是碎片堆晶粒方向隨機的等向性磁鐵。

想要形成強力磁鐵，必須是磁矩僅朝同一方向的異向性磁鐵。好不容易才製成0．02～0．05微米的超微粒子，液態急冷法卻無法製造高磁性磁鐵——這是磁鐵界長久以來的認識。

然而，前面曾提過，磁鐵包括許多燒結法無法製造、奈米等級的超微小晶體。若是3微米、1微米，平均千分之1「奈米微粉」磁矩方向一致……應該就可以發揮很厲害的能力。若能多方面嘗試，才不會可惜。

5-3-3 磁矩朝各方向（左），與磁矩朝同方向（右）

超越克羅托的釹磁鐵！

其實，在1984年克羅托先生以液態急冷製造釹磁鐵的隔一年，1985年有報告顯示，將微粉凝固再經由熱加工壓製變形，可以改變晶體的形狀，「使磁矩朝同一方向」。

圖5-3-3為液態急冷後微粉中的晶體，和熱加工變形後的磁鐵晶粒。看得出來熱加工之後，磁鐵變形為約0．02微米的扁平晶體。

雖然製作方式都有明文記載，但產業大多採用燒結法製造釹磁鐵，沒有企業願意投入這方面的研究。最近日本大同特殊鋼公司著手「液態急冷～熱加工」大量生產釹磁鐵，在產業上邁出了一大步。

5-3-4 殘留磁化量有 1.5 特斯拉，保磁力也有 1.25 特斯拉

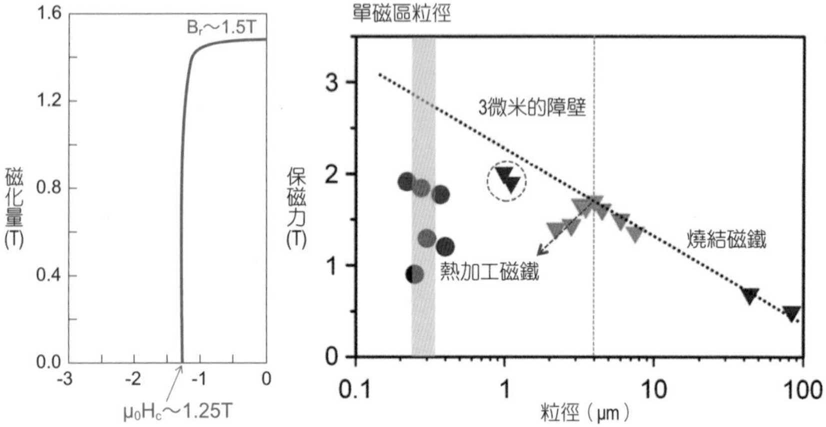

現在，日本大同特殊鋼公司以熱加工法，將殘留磁化量提升至1．5特斯拉，保磁力也提升至1．25特斯拉，幾乎與現有的燒結磁鐵特性相同。

藉由「液態急冷法↓熱加工」兩階段方式，能夠製造與燒結磁鐵同等級的釹磁鐵，比燒結法更前途無量。

為什麼呢？就晶粒徑來看，它實現了0．2微米的大小，遠遠超越過去燒結磁鐵達到的1微米，僅多幾項步驟就能提高保磁力。另外，因為不用處理細微的磁粉，能夠避免發生爆炸的危險性。而且，經由熱加工，可以使磁化方向一致。

過去「液態急冷法的易磁化軸無法一致」弱點，現在可由熱加工法克服，製造

強力的磁鐵，可以期待未來的發展。

只是，雖然相較於1微米大小的燒結磁鐵，性能大幅提高，但卻出現另一個問題。見圖表5-3-4實際的保磁力，儘管微粒大小確實遠小於Intermetallics公司生產的1微米，但保磁力卻只能提高到1．8特斯拉。雖然保磁力比以前釹磁鐵的保磁力（1特斯拉）大，但卻還是沒有突破障礙。

為了使熱加工的磁鐵能夠表現1．8特斯拉的保磁力，合金濃度必須夠高，足以形成富釹相結構，磁化量會因而降低。反過來說，若是能找到保磁力降低的原因，保磁力還有向上提高的可能。

4 原子探針分析保磁力

為什麼釹磁鐵的保磁力比預期較低？

——現實經常不如預期。碰到這種時候，研究專家會怎麼探究原因，尋找突破呢？

想要從根本提高磁鐵的性能，只能「徹底分析所有缺點」。釹磁鐵面臨的課題是，保磁力僅有約1．2特斯拉。

$Nd_2Fe_{14}B$化合物的保磁力理論極限值（異向性磁場），「釹2：鐵14：硼1」應該約有7．5特斯拉。然而，實際製造的釹磁鐵，保磁力只有1．2特斯拉，僅理論極限值的15％。

保磁力7．5特斯拉的理論上限，是假設10奈米左右的完全晶體包覆於非磁性相，兩粒子間沒有交互作用抵銷磁力。但是，這單純只是理論而非現實的數字，我們也沒有妄想能把保磁力完全拉到7．5特斯拉，但理論上應該可以提高到至少三分之一，達到2．5特斯拉才對。這個數字，已可以滿足混合動力車、電動車的需求。

燒結法和液態急冷的釹濃度相差15％！

那麼，是什麼原因造成保磁力降低？又要怎麼做才能提高保磁力？為了尋求答案，我們決定採用「**多維尺度分析**（multiscale analysis）」。

多維尺度分析是「從微米、奈米、原子級三個角度切入」，詳細分析磁鐵內部，尋找「為什麼無法等量提高保磁力」重要的方法。

好不容易才將晶粒徑縮小，為什麼保磁力依然無法提高？——為了解答這個問題，我們使用原子探針裝置，分析晶界的組成，測量晶界稀土元素的濃度……

——抱歉打斷老師說話，我不曉得要怎麼看下頁圖表，可以請老師先說明嗎……？

好的，我現在來說明。圖5-4-1是液態急冷～熱加工的釹濃度，橫軸為深度（單位為奈米），縱軸為濃度，鐵（Fe）和釹（Nd）之間具有**晶界**。釹濃度大約為20%，鐵濃度約為80%。

再來，請看燒結磁鐵的圖形（圖5-4-2），分析晶界的釹濃度，發現釹濃度竟然超過35%。

因此，我們推測「這個15%的差異會不會就是保磁力無法提高的原因？」好不容易製造0．05微米的超細微異向性磁鐵（磁矩朝特定方向的磁鐵），難道是因為晶界的釹濃度過低，造成保磁力遠不如燒結法……？

想要液態急冷法的磁鐵，有著超微晶粒徑的優勢，並提高保磁力，就必須讓液態急冷法的晶界，具有燒結磁鐵的釹濃度（35%）。釹濃度愈高，兩晶體間的結合力愈弱，能夠表現更高的保磁力。

5-4-1 液態急冷～熱加工的釹濃度（約 20%）

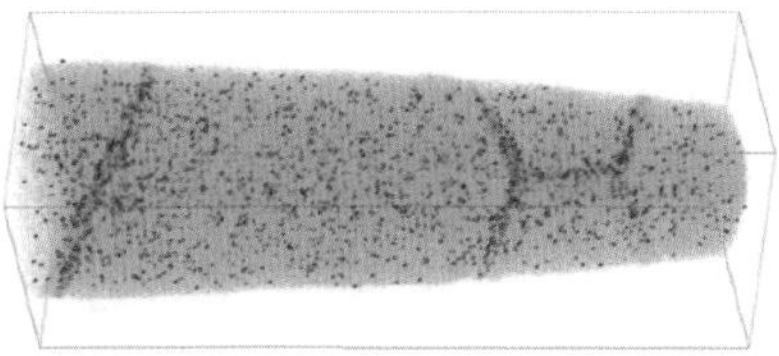

保磁力0.9特斯拉

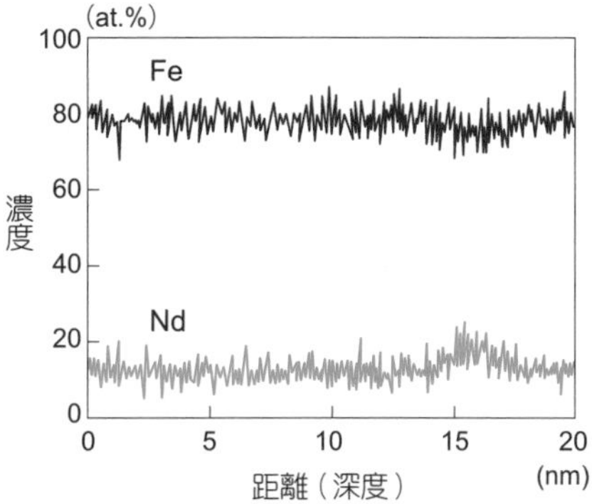

5-4-2 燒結法的釹濃度

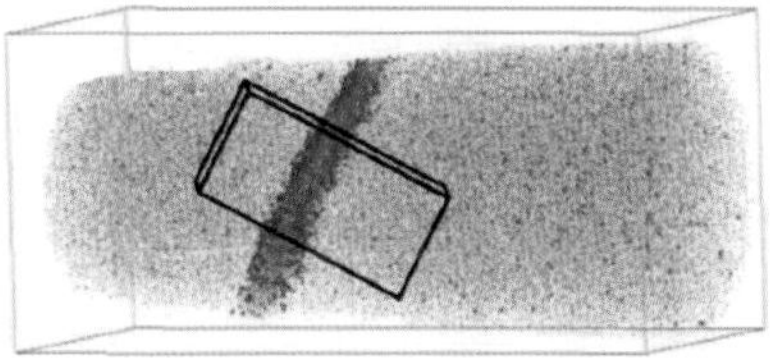

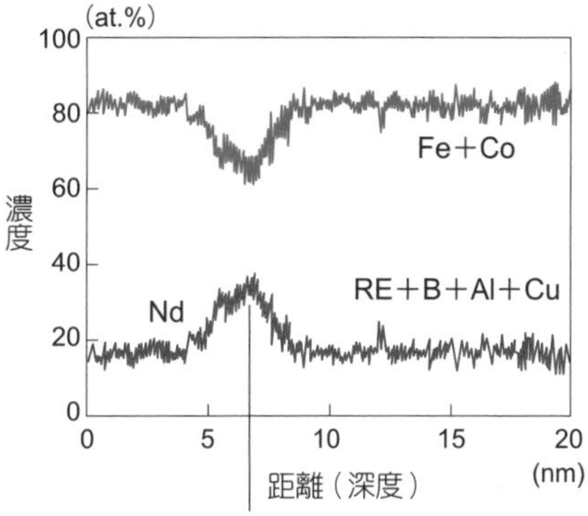

晶界中的釹（Nd）濃度竟然有35～40%

解開微量銅之謎

在研究燒結磁鐵的時候，我們還注意到一件事情，燒結法所製造的釹磁鐵，其中含有極微量的銅原子。添加微量的銅原子可以提高燒結磁鐵的保磁力，這是產業界長年以來的經驗談，但直到使用原子探針進行研究，我們才明白其中的原因。

圖5-4-3是燒結法製造釹磁鐵的示意圖，模擬三個「釹2：鐵14：硼1」（$Nd_2Fe_{14}B$）晶體，和存在於三相點的釹氧化物、金屬釹結合模式。

磁鐵剛燒結完成，晶界剛形成不連續晶界富釹相（圖5-4-3虛線部分）。然後，多出來的釹金屬會進入三相點空隙。較大的白色部分為釹金屬（富釹）佔領的部份；灰色的部分則為釹氧化物，代表細長棒狀「釹銅」合金的析出物。

我們試著以專業的角度來看，將圖形轉換成**狀態圖**（**相圖**）。若假設圖5-4-4的橫軸右側為釹100%、左側為銅100%，兩者之間具有極低的熔點（圖中紅點）。燒結完成，放置於溫度550℃左右1個小時，「使保磁力提高」現象的關鍵，我想就在這個狀態之中。

5-4-3 釹磁鐵的晶體示意圖

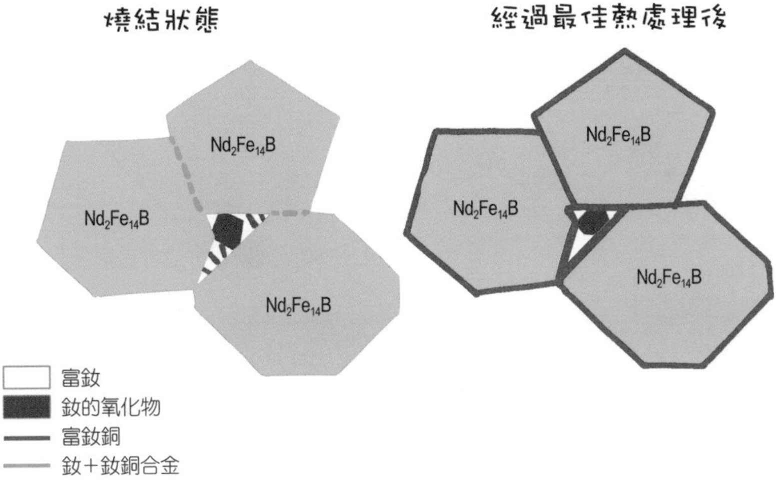

此時，釹磁鐵裡面究竟發生了什麼事情呢？將溫度提升到550℃時，釹金屬和釹銅合金產生反應，因熔點低變成液體（液相）。變成液體以後，**兩個熔化液體會滲入晶界**（圖**5-4-3左圖的虛線部分），形成晶界相**——這個機制是根據實驗結果報告。

5-4-4「鈦銅」合金狀態圖

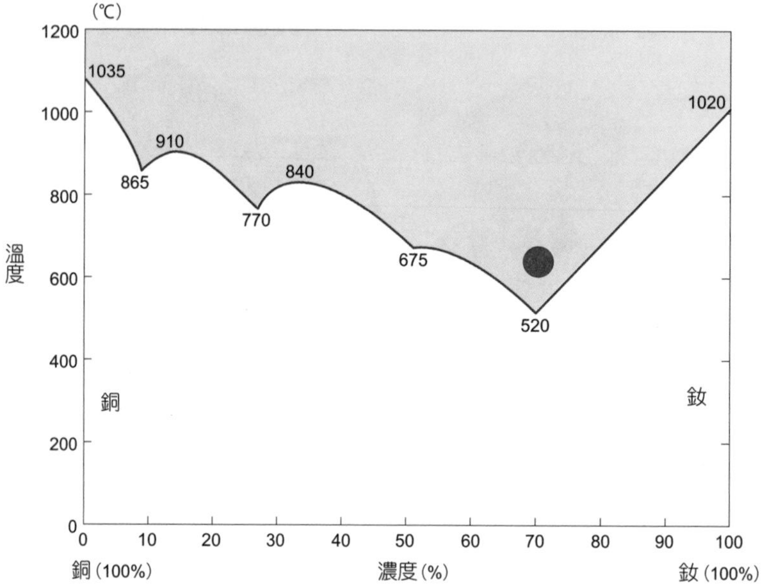
(℃)
1200
1000
800
600
400
200
0
溫度
1035
910
865
840
770
675
520
1020
銅
鈦
0
10
20
30
40
50
60
70
80
90
100
銅(100%)
濃度(%)
鈦(100%)

5 成功發明「省鏑釹磁鐵」！

釹和銅滲入晶界

——剛才解說的是燒結法，急速冷卻法應該是另一回事。

是的，沒錯。會不會是釹金屬和釹銅合金反應變成液體（液相），滲入晶界（虛線部分）才形成晶界相？——這個研究的確是燒結磁鐵，而不是「液態急冷~熱加工」。

然而，從這個燒結磁鐵的機制當中，我們得到了一個啟示。

這個啟示是，若能使用「液態急冷～熱加工」製造0・2微米超微小晶徑的磁鐵，製作「釹金屬和釹銅的共晶」，說不定就能得到和以前不一樣的高保磁力。

首先，以「液態急冷～熱加工」製造釹磁鐵。如同前面的說明：

①經由液態急冷，形成0・2微米細微結構

②經由熱加工使磁矩方向一致

③殘留磁化量＝1・5特斯拉、保磁力＝1・25特斯拉

會得到這樣的釹磁鐵。

現在的課題是，要如何使「釹、銅」流入晶界的界面，以提高保磁力？

——我們要怎麼做，才能讓這些金屬流入那麼狹窄的空隙之中呢？

我們先用高溫熔化釹和銅，再以液態急冷製造粉末，也就是液態急冷法。這樣一來，我們就能製造「釹金屬和釹銅」合金粉末。

將這個合金粉末溶入有機溶劑，接著將事先以「液態急冷～熱加工」製成的塊體狀

（bulk）釹磁鐵浸泡到有機溶劑中，再拉起來的時候，釹磁鐵表面就會附著「釹銅」粉末（圖5-5-1的右圖）。這就是表面塗層處理。再將此釹磁鐵加熱到550℃，表面的釹和銅合金會熔化，這樣一來，除了磁鐵（塊體）的表面之外，合金粉末還會滲入內部的晶界。這就是**「釹銅的晶界擴散法」**。

5-5-1 將右邊的磁鐵浸泡在左圖有機溶劑中

此方法在2010年時，被認定適用於含有HDDR法製造微晶的磁粉，並確定了原理。但是，HDDR法製造的磁鐵，異向性並不高，雖然後來塊體狀磁鐵製造成功，但沒辦法維持足夠的保磁力。

然而，熱加工製造的磁鐵，具有優異的異向性，所以學者選擇改善當時的方法，繼續實驗。經過實驗確認，混合動力車需要14毫米厚度等級的塊體狀磁鐵，雖釹合金也無法很快滲入此較厚磁鐵之深處。不過，我們依然可應用這個技術。

5-5-2「釹銅」滲入釹磁鐵晶界

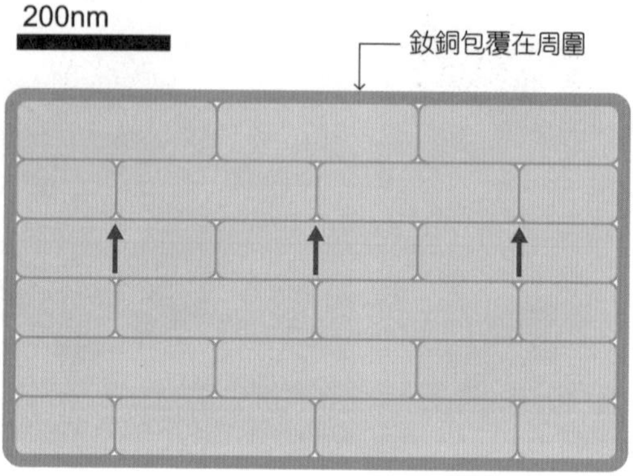

①釹磁鐵（液態急冷→熱加工）截面。釹銅包覆在周圍。

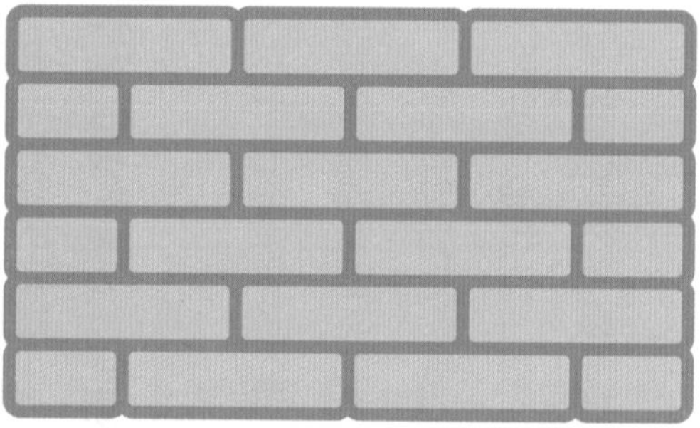

②加熱到550℃時，表面塗層的金屬會滲入釹磁鐵中的晶界。

一波末平，一波又起？

圖5-5-3左邊為處理前的影像，右邊為處理後的影像。

相較於左圖，右圖能夠明顯看出白色富釹相以橫方向滲透。這樣至少能夠分斷「釹

5-5-3 表面塗層處理前（左）和處理後（右）
——分斷磁結合

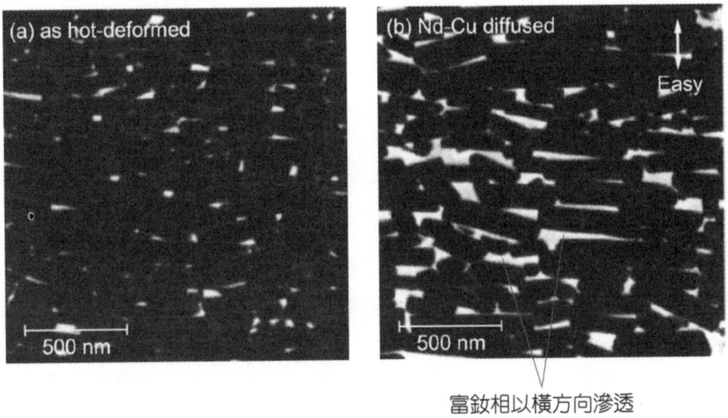

2：鐵14：硼1」之間的磁結合。而且，保磁力從1．7特斯拉，顯著提高到2．2特斯拉。

然而，一波未平一波又起。磁化量變得從1．4特斯拉，降為1．25特斯拉（圖5-5-4）。好不容易提高了保磁力，怎麼磁化量反而下降呢？

理由其實很簡單，這個方法會使磁鐵的體積增加，也就是縱向的體積膨脹。由圖5-5-3的右圖可以看到，白色的富釹相以橫方向滲透，造成縱方向的體積增加。

釹和銅是非磁性材料，增加釹磁鐵中的非磁性材料，整體磁化量被稀釋而下降。磁化量為：

「磁化量＝磁矩÷體積」

所以，若磁矩不變而體積增加，整體的磁化量反而會下降。

知道問題出在哪裡，接下來我們只要緊緊控制磁鐵，讓體積不要過度膨脹，阻止釹磁鐵不必要的膨脹。

這樣一來，我們可在最大限度壓抑磁化量下降，成功製造保磁力從1．7提高至2．2的磁鐵，解決了其中一個課題。

5-5-4
提高保磁力，卻降低了磁化量……

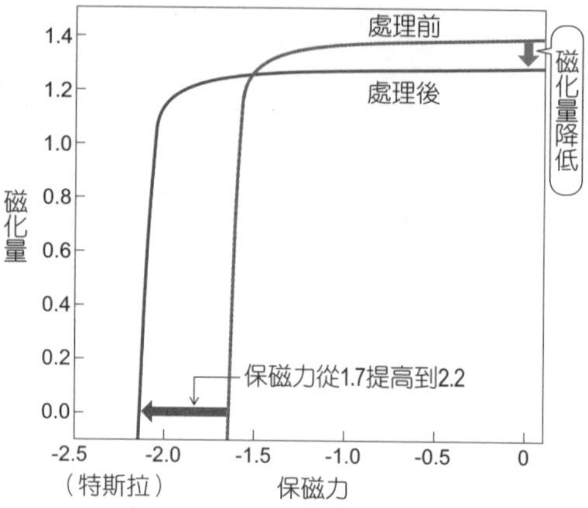

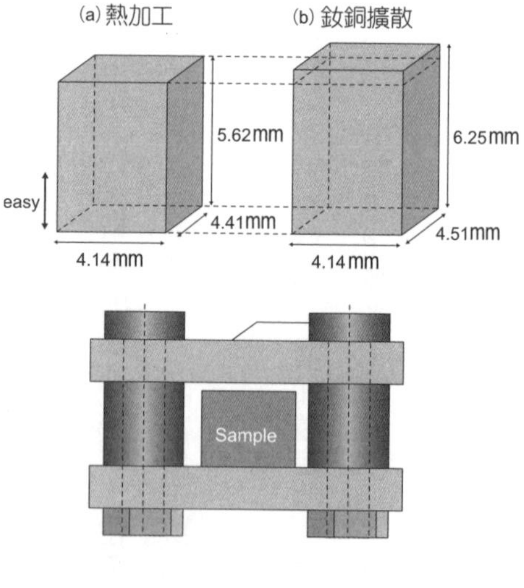

5-5-5
以「液態急冷→熱加工→擴散法→拘束」提高保磁力

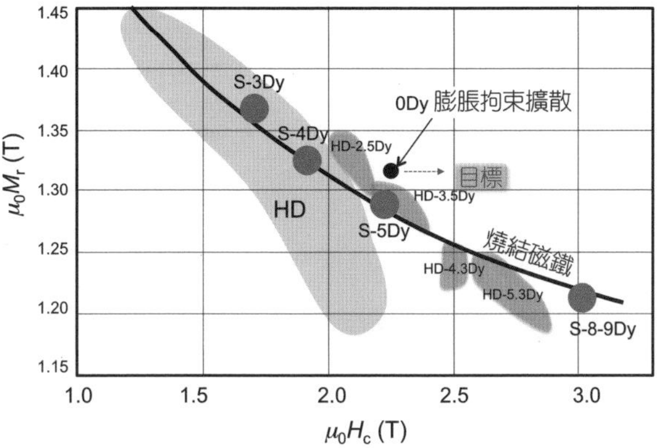

統整前面的內容，膨脹狀態的磁鐵，保磁力可提高到2・2特斯拉，但最大磁能積卻低於釹磁鐵。然而，抑制縱向的膨脹，磁鐵便能提高磁化量，**最大磁能積變得比釹磁鐵還要高**。也就是說，我們找到了「既能維持殘留磁化量，又能提高保磁力」的方法。

圖5-5-5是此方法增強保磁力的磁鐵、燒結磁鐵、一般熱加工磁鐵，三者間的殘留磁化量和保磁力的比較圖。

燒結磁鐵達到這樣的保磁力，需要6％左右的鏑。相較於同晶徑的熱加工磁鐵，相當於鏑3％左右的保磁力，殘留磁化量也比較高。

省鏑驅動馬達磁鐵

這就是目標嗎？——答案是否定的。圖5-5-5標示紅色目標的區域，才是我們真正的目標，也就是保持殘留磁化量，進而提高保磁力到2．5特斯拉。為此，我們仍需要進行多維尺度分析細微結構和磁特性，探討「什麼時候會表現高保磁力？」

當然，因為這種磁鐵完全沒有使用鏑，所以可以說是「完成省鏑的釹磁鐵」，但保磁力的目標果然還是2．5特斯拉。若能實現，立刻就可以取代混合動力車的馬達。

為能廣泛應用於商業上，開發「完全不使用鏑的釹磁鐵」塊體磁鐵是我們另一個目標。

6 微磁學模擬軟體的探索

縱向與橫向

——「省鏑的釹磁鐵」我們找到了頭緒，但是否有更進一步改良磁鐵的方法？

嗯……前面提過「白色的釹銅往橫向發展」，這是非磁性相，如同前面的說明，會呈現「磁性相包覆於非磁性相」中。然而，「橫向」沒有分斷，僅「包覆於非磁性相」是不夠的。這是下一個要解決的目標。

因此，首先必須確認，是否真的是縱向分斷、橫向連在一起？

於是，我們選擇一個釹晶體（圖5-6-1上面中間的影像），例如用原子探針測定（b）的縱向位置，結果為100%的釹金屬。如同預期，這個位置是非磁性相。

接著是對非常薄的部分（c）進行縱向分析，結果檢測得到非晶質的晶界相，裡頭的釹濃度約有60%，這也可以看作是非磁性相。因此，我們可以斷定「縱方向的磁結合可以分斷」。

然而，觀測（d）的橫方向，釹濃度有30%、鐵濃度有70%，佐證了「橫向為磁力結合在一起」。

模擬確認「研究方向的可行性」

——接著我們只要分斷橫向的磁力即可嗎？

5-6-1 橫向磁力結合在一起

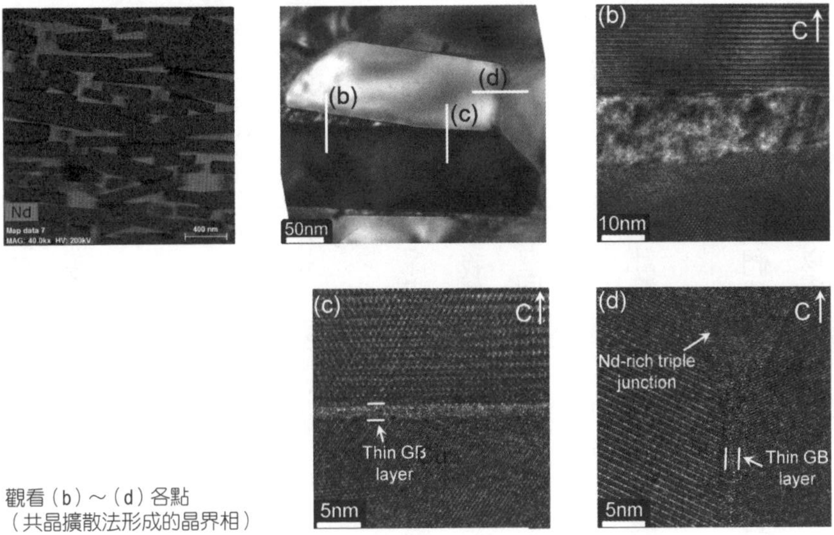

觀看（b）～（d）各點
（共晶擴散法形成的晶界相）

的確，可以這樣推測，但還沒有作出實際成品之前，我們無法進行確認。遇到這樣的情況，我們可以用模擬的方式，來確認情況是否為真。

其實，綜合考量未來的研究方向後，我們已決定向其他歐洲團隊導入**「微磁學模擬」**技術。為了學習微磁學模擬的技術，我們並另外派遣研究員前往澳洲研習學習。現在，我們團隊正利用這個方式，盡可能模擬實際磁鐵的構造，進行磁鐵的研究。

過去的微磁技術受到計算量的限制，所以只能進行小磁性體的模擬。現在，我們的團隊已經能夠計算最小單位2．5奈米，模擬約0．5微米晶界的磁鐵。過程中，我們會需要運用NIMS的超級電腦，也就是「京」超級電腦。（編按：「京」是日本產學界共同開發的超級電腦，曾獲得2011年世界超級電腦冠軍寶座，即K Computer。）

那麼，我們以前面的影像作為結構基礎，製造磁鐵的模型（圖5-6-2的a），模擬磁極反轉的情形。先不管「非磁性相形成分斷了縱向的磁力結合」變數，而只模擬「橫向連結在一起的磁性」（c）。

從圖（b）可知，保磁力提高為3．2特斯拉。我們想要進一步提高保磁力。

該怎麼做才好呢？我們將橫向的鐵磁性相維持連結的狀態，在模擬軟體上改變組成（d）。像這樣將橫方向也改為非磁性的相，由圖（b）可知，保磁力能夠提高至3．5特斯拉。

保磁力的數字受到計算假設的影響，實際的情況較近似電腦模擬的情況。

——也就是說，我們找到一個方法，橫向以非磁性相分斷，可以提高保磁力。原來如此，模擬軟體可以這樣運用啊。

5-6-2 電腦模擬實驗

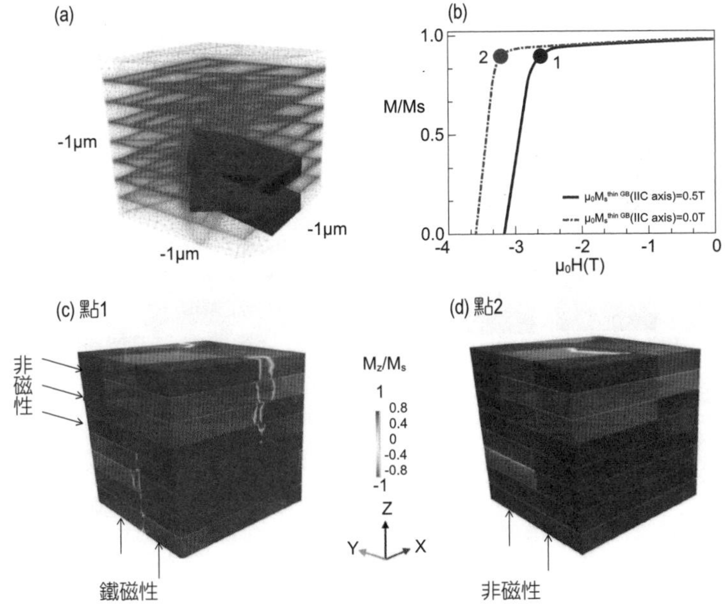

沒錯。但我們現階段還不明白「橫向的分斷方法」，因此沒有辦法進行實驗。但是，我們可以藉由電腦模擬結果，推測「分斷橫向可以提高保磁力」，確立未來的研究方向。

我們需要分別運用「實驗」和「模擬」的優點。因為即便我們多麼小心比較磁特性和細微結構，也很難從實驗判斷如何發生磁化反轉。

我們沒有辦法直接觀測

5-6-3 根據觀測資料製造模型，再以該模型進行模擬。

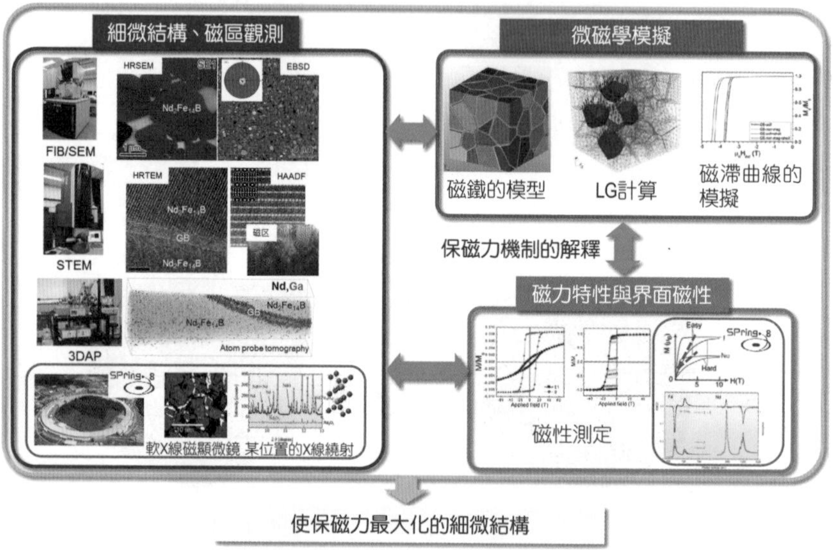

磁性體內部的磁化反轉。雖然有很多可觀測磁區的顯微鏡，但都只能看見磁鐵表面的磁區變化，無法觀測塊體內部的磁區情況。為了彌補這方面的不足，所以我們選擇近似實際細微結構的模型，進行微磁學模擬。

圖5-6-3是我們研究磁鐵的方法，以顯微鏡法、Spring-8放射線，徹底解析細微結構，接著比較得到的結構資料和磁特性，分析什麼樣的結構會產生高保磁力或低保磁力。以微磁學模擬預

測，實驗中磁鐵的結構如何發生磁化反轉。綜合分析這些資料，可決定最大保磁力的細微結構。

在日本磁性學會中，佐川先生經常評論：「現在的微磁能夠計算到0．5微米的粒徑，而實際上燒結磁鐵的粒徑為5微米，還有很大的進步空間。」5微米的晶體以2．5奈米為單位來計算，計算結果會變得相當大，需要使用「Post K」超級電腦。（編按：超越「京」的超級電腦，日本計於２０１７年展開設計，２０２０年完成。）

一般的磁鐵工廠現在已經能生產「省鏑釹磁鐵」嗎？

——應該還在研究階段。

對日本燒結磁鐵的製造商，鏑是非常重要的課題，當然，磁鐵製造商正全力研究解決這個課題。其中一個方法是，使鏑、鋱從燒結磁鐵表面沿著晶界擴散，在釹磁鐵（$Nd_2Fe_{14}B$）的晶體表面形成這些元素的高濃度層。

雖然各家公司的技術細節稍有不同，但基本上都是針對磁化反轉起點的晶界部分，提高異向性磁場。

5-6-4
經過鋱晶界擴散處理的燒結磁鐵

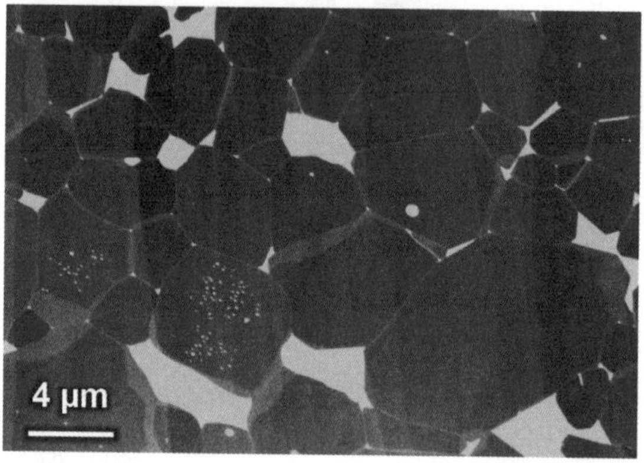

如同圖5-6-4所示，以這個方法增強保磁力的釹磁鐵，釹磁鐵（$Nd_2Fe_{14}B$）晶體的晶界內側，釹濃度會增高。不使磁鐵合金中鏑、鋱均勻散佈，而是局部聚集在晶界接觸的部分，使整體的重稀土元素含量減少，因此具有殘留磁化量幾乎不降低的優點。雖然受限於此型的磁鐵尺寸過小，但市面上已經有販售省鏑型的高保磁力磁鐵。

如同上述，多虧各企業研究專家的努力，才找出各種方法，解決鏑的問題。

本章節介紹的低溫共晶合金擴散進入熱加工磁鐵的方法，不適用現有的燒結磁鐵製造設備。所以，需待其他廠商的參與，這種方法才能有發展的空間。

幸好，未來需求量大增的混合動力車馬達、電動車馬達，屬於「平板磁鐵（173頁的圖3-5-2）」。製造平板磁鐵的時候，我們可以採用將磁鐵並排，由上方加壓擴散處理，因此將「液態急冷～熱加工」方法導入並非難事。

若大量生產的方法能夠釋出給第4間製造商，新企業才有機會擠身磁鐵業界。

第6節課

磁鐵研發之道——進入原子級的領域

1

SEM和TEM的差異與使用方式

從微米到奈米、從奈米到原子級，改變觀察的「標準」

——到目前為止聽了許多關於釹磁鐵的開發，可以請老師教我們使用研究上各種儀器嗎？像是SEM和TEM的使用方式。

最強的磁鐵化合物，現在仍是以「釹2：鐵14：硼1」（$Nd_2Fe_{14}B$）最受關注，不論是資源蘊藏量還是生產成本，沒有其他磁鐵能夠超越。

但是，「釹2：鐵14：硼1」保磁力不足。想要改善保磁力，必需混合鐵磁性的磁鐵化合物和不具磁性的物質，控制細部構造。

從化合物的物性來看，為什麼現在使用的釹磁鐵保磁力只具有理論值的13％～14％呢？怎樣做才能大幅度改善保磁力？在思考這些問題的同時，我們需要來看磁鐵的細部結構。

讓我們先從微米級的角度，觀察塊體磁鐵內部，觀察釹磁鐵（$Nd_2Fe_{14}B$）晶體如何分布。我們也需要解析晶界的三相點內有些什麼樣的物質（相）。

接著，關於晶體與晶體之間的界線，從奈米級的角度觀察晶界有什麼樣的構造？

最後，在這個界線上，原子如何分布？

像這樣從微米到奈米、從奈米到原子級，我們需要以多維尺度進行觀測。

乍看之下覺得理所當然，但對專業人士來說，一般只會從原子角度切入觀測結構，也就是**見樹不見林**的研究。很多團隊都是以原子尺度分析材料，但僅從有限視野得到的資訊，難以說明塊狀材料的特性。各專家之間存在著隔閡，而確實以多維尺度分析材料

6-1-1 SEM / TEM / DAP 的多維尺度分析

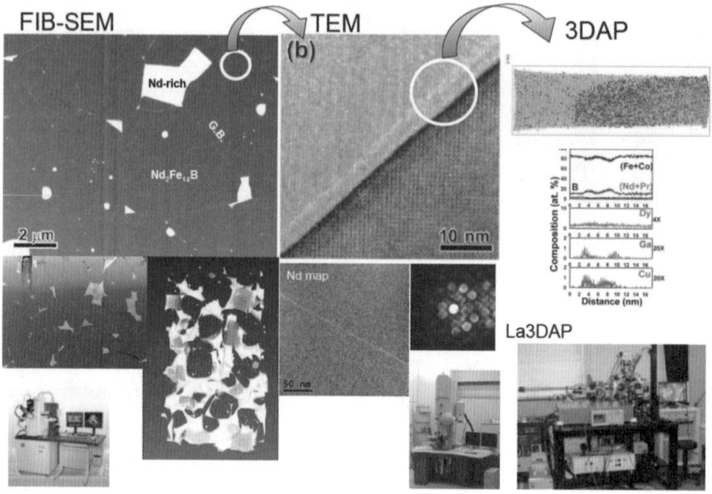

的團隊，在世界上只能算少數派。

然而，在磁鐵的研究開發，除了從原子尺度觀察磁鐵的細部結構之外，我們也需要從奈米、微米等多維尺度進行觀測，為此，我們需要併用各種分析方法。

——實際的併用方式是什麼？

微米尺度使用掃描式電子顯微鏡（SEM），奈米尺度使用穿透式電子顯微鏡（TEM），原子尺度使用掃描穿透式電子顯微鏡（STEM）與三維原子探針（3DAP）。磁區的觀測則是使用克爾（Kerr）顯微鏡、勞倫茲（Lorentz）TEM、STEM。

較大視野SEM觀測「大致相態」

首先是掃描式電子顯微鏡，一般簡稱為SEM（Scanning Electron Microscope），SEM電子顯微鏡的優點在視野較大，最大的特徵是能夠檢測各種訊號，以構成影像。

我想大家都有過用放大鏡聚焦太陽光燃燒黑色紙的經驗。掃描式電子顯微鏡的原理很類似，是利用電子透鏡將電子射線收束到奈米尺度，照射到試料表面，如同掃描機一樣掃描（scanning）試料表面。成像倍率為螢幕顯示的面積除以電子射線掃描面積，原理相當簡單，SEM經常使用於材料分析的領域。

最近的掃描式電子顯微鏡，能夠將電子射線束縮為亞奈米尺度（奈米尺度的10分之1），使影像的解析度大幅提高為0．7奈米尺度。過去的SEM都是照射電子射線，檢測材料表面釋出的二次電子，主要用來觀測材料表面的形狀，但SEM除了表面形貌之外，也能夠檢測表面反射的電子，推測原子序，得到反應表面濃度的影像。

6-1-2 最新 SEM 的結構

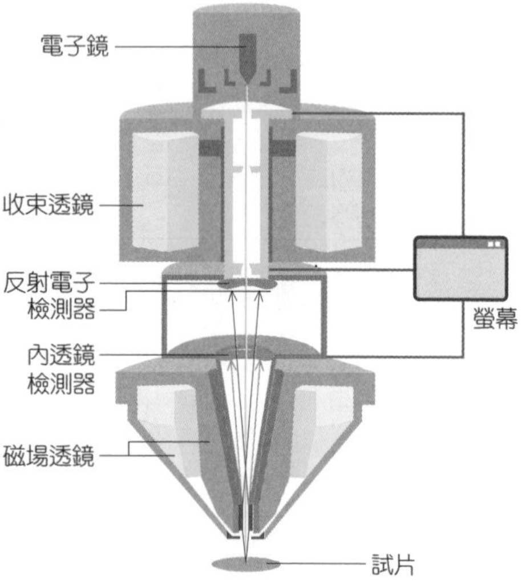

低加速電壓SEM可掌握電子狀態

最近，SEM也能夠反映電子狀態經過低加速電壓處理的影像。

——這個「反映電子狀態的影像」是怎麼回事？有實際例子嗎，會比較容易想像。

那麼，我們來看實際例子說明。例如，圖6-1-3左圖是表面磨平的燒結磁鐵「反射電子影像」（BSE-SEM）。電子束打在試片（圖中為磁鐵）上，在試片表面產生散射，檢測反射電子而製造影像。

暫且不論其中的機制，先來介紹SEM可以得到的資料，6-1-3左影像所見的明亮

6-1-3 左為背向散射電子影像（BSE-SEM），右為內透鏡 SEM 影像

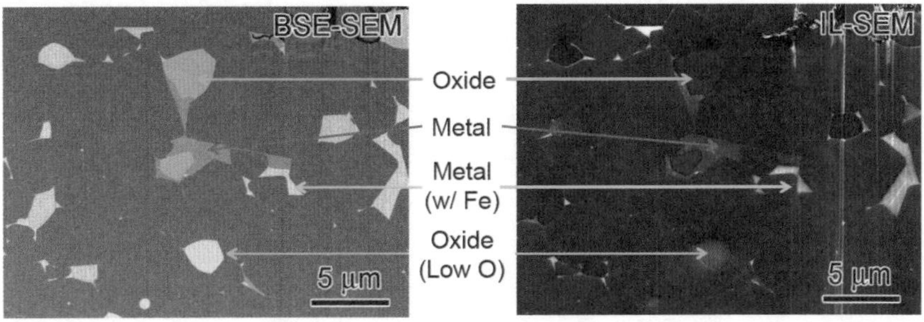

黑色與白色的不同是由於「原子的重疊」。黑色部分為較輕原子；偏白色部分（例如鐵Fe）為較重原子。兩影像原理相異，互相比較，可以幫助分離各種相態。

對比和「原子的重量」成正相關，也就是黑色部分為輕原子，偏白色部分為較重的原子。至於各部分的化合物有著什麼樣的結構？可以使用後面會提到的穿透式電子顯微鏡（TEM）推測。

上右圖為較新型SEM（內透鏡SEM）檢測的影像，嵌入透鏡的檢測器，可檢測低加速度電子束產生的二次電子射線。這個訊號對表面狀態非常敏感，呈現和左邊反電子像不同的對比。比較兩個影像，我們可以推測大致的相態，能夠應用於簡易分離釹磁鐵的各種相態。

特徵X射線推測元素比例

電子射線打在物體上，不同元素所產生的波長（能量）不同，稱為特徵X射線。想要產生X射線或倫琴射線，電子射線需要打在銅等金屬靶上，請問你知道這個原理嗎？

——不，我不知道。所以這個特徵X射線可以告訴我們新的訊息嗎？

當然。收束到數奈米的電子射線，打在試片上，會產生物質特有波長的特徵X射線。藉由測定X射線的能量，我們可以反推電子束照射的部分含有什麼元素。

以特徵X射線強度表示圖6-1-3中SEM影像的相同部分，以圖6-1-4顯示之。比較這個X射線圖和SEM影像，我們可以知道哪個部分含有多少鈦、氧，推測其中的化合物，例如含有氧的部分可推測為氧化物，不含氧的部分可推測為金屬（合金）化合物。我們也可以得知大致的元素比例，像是「鈦：氧」比例等等。

但是，細部的晶體結構為何？僅由圖6-1-4的影像卻無法得知。

6-1-4 特性 X 射線的元素分析影像

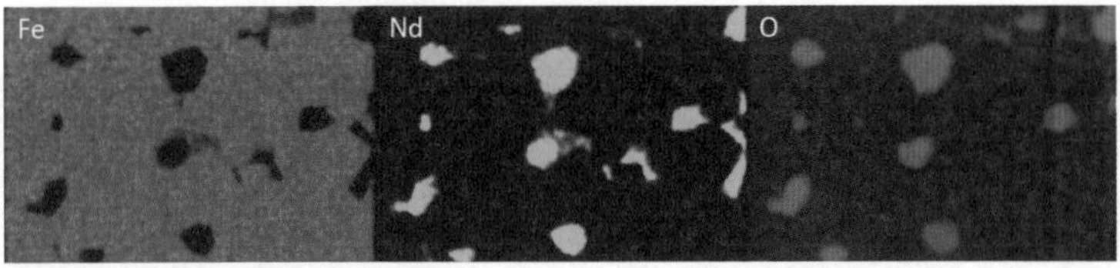

能夠推測釹、鐵、氧的比例

6-1-5 特徵 X 射線照射釹磁鐵的能量分散光譜

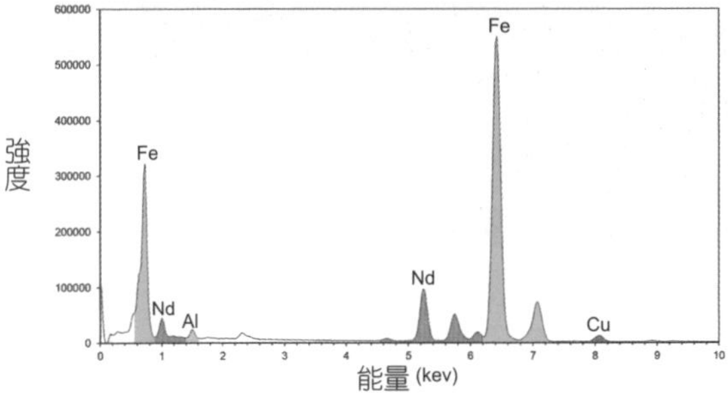

「TEM+SEM」鑑別相態

上一節提到，雖然我們可以推測大致的相態，但卻無法得知各相的實際晶體結構。於是，我們將試片切成50奈米的薄片，嘗試用電子射線穿透，結果發生了有趣的事情。

圖6-1-6正中間較大的影像，是用SEM觀測的影像。

我們把試片切成薄膜，以利穿透式電子顯微

6-1-6 用 SEM 觀測試片（中央），電子射線穿透的超薄試片，觀察各相電子射線繞射的情形，推測 SEM 看到的相態晶體結構。

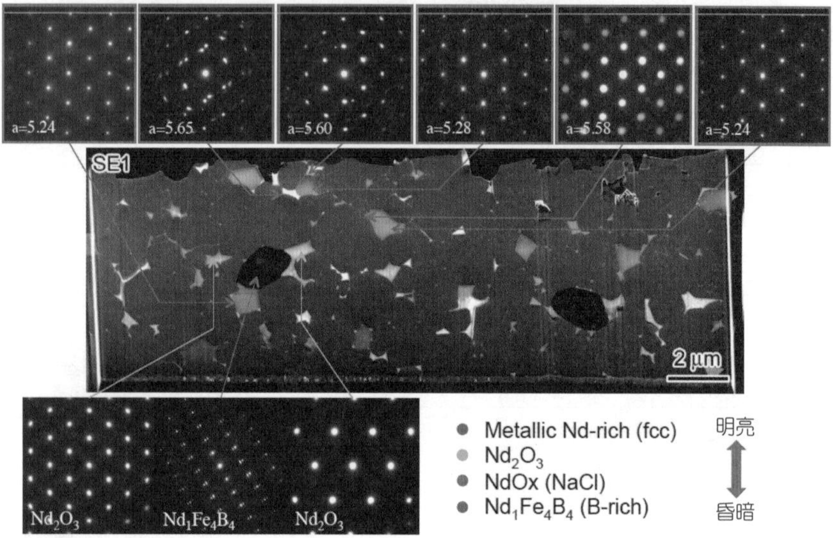

鏡拍攝電子射線繞射，像是圖6-1-6上面6張以及下面3張影像。

藉由TEM觀測各部分的電子射線繞射，我們可以鑑定各相態的晶體結構。接著比對前面的SEM反射影像（圖6-1-3的左圖）、內透鏡二次電子影像（右圖），便能夠斷定「這是釹1：鐵4：硼4的化合物（$NdFe_4B_4$）」、「那是釹2：氧3化合物（Nd_2O_3）」、「另外還有釹1：銅1（NdCu）」。

如同上述，藉由SEM和

TEM，我們可以鑑定釹磁鐵內部所有的相態。

其實，釹氧化物等的副相態，深受到磁鐵組成、製程的影響。在前線開發新磁鐵時，我們需要迅速鑑定其細部結構及相態，此時若使用此節介紹的方法，僅以SEM觀測，便能迅速鑑定相態。

SEM能夠快速導入磁鐵製造商，即便不具電子顯微鏡的專業知識，也能在前線使用SEM，在磁鐵開發具有顯著的優勢。這一連串的解析技術，是我們團隊在2006年左右所確立的，現在，各磁鐵製造商多採用這套技術，作為磁鐵組織的簡易評鑑法，在各領域都很普遍。

分析、計算方式更上一層樓

相較於SEM，TEM能夠進行更高倍率的觀察。再者，為了使電子能穿透掃描而打薄試片，我們也可以觀測垂直方向上的原子排列。根據原子序的不同，反映明暗的對比，若能善加利用這個特性，便可判別哪個地方有什麼樣的原子。另外，藉由檢測亞奈米尺度電子射線產生的特徵X射線，我們可以知道原子排列具有哪些元素。

釹磁鐵發明於1982年，為了提高特性，世界各地盛行研究釹磁鐵，但當時並沒有像這樣以原子尺度觀測磁鐵結構、組織的方法。從發明至今經過30年的時間，釹磁鐵的研究熱潮再度復甦，精細的結構解析技術和計算方式，如今有了飛躍性的成長。

就這個意義來說，30年前的研究和現在的研究是完全不同一個層級。因此，過去看似無法再向上提高的特性，未來極可能發生嶄新的突破。

2 TEM觀測磁壁的移動

觀測磁壁的移動！

講太多電子顯微鏡、原子探針方面的事，我想也不怎麼有趣吧，這一節我們來應用穿透式電子顯微鏡（TEM）觀測磁區、磁壁。例如，用勞倫茲TEM觀測法來觀測磁區。

6-2-1 磁壁移動好像X光片

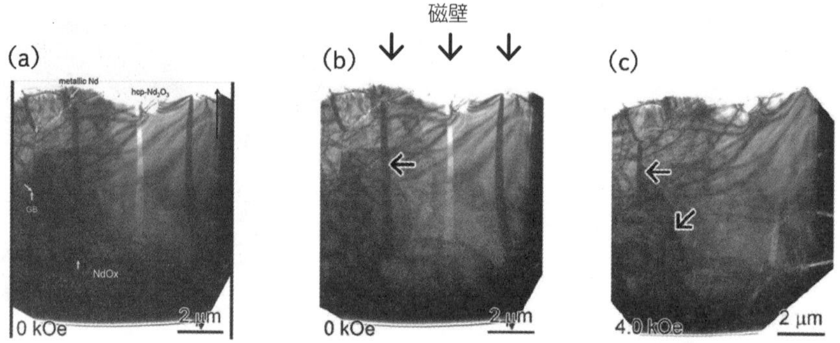

——咦？可以看見磁區、磁壁？磁壁不是一種概念嗎？

不是，磁壁當然存在，實際上真的看得到。使用TEM觀測磁鐵，我們能夠實際看見磁壁受到磁場推動的情況，以及與磁場之間拉鋸的情況。能夠實際看到東西，真的很有意思。除此之外，使用微磁學模擬，我們還可以模擬其過程。

使用TEM觀測磁區，會用到「**勞倫茲法**」。我想大家都聽過「弗萊明左手定則」，在磁場中導入電流，電線會受到一股力量。馬達正是利用了這個原理。將電流換成電子、電線換成電子射線，當電子通過鐵磁性體，電子射線會受到勞倫茲力而偏轉。這個電子射線偏轉會造成磁

6-2-2 微磁學模擬的影像

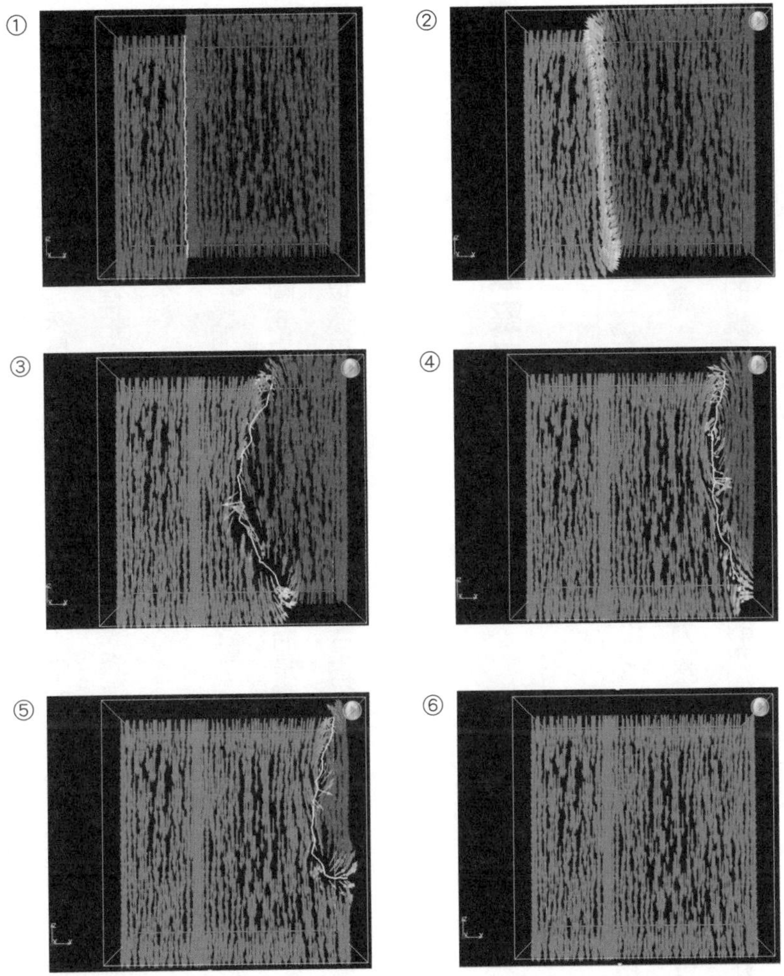

①的左側磁化向下、右側磁化向上。在這裡施加向下的磁場，磁化向下的磁壁會如同②一樣，卡在晶界的地方。即便提高磁場，磁壁也幾乎不移動，但再繼續提高磁場，磁壁會如同③向右侵入，最後磁壁會完全消失，發生磁化反轉。這是模擬重現6-2-1觀測到的磁壁移動。

化左右振盪，以焦點模糊的電子顯微鏡觀測，電子射線重疊的部分看起來會明亮，電子射線未照射到的部分則看起來黯淡。所以，圖6-2-1中的磁壁會呈現明暗交替的影像。

乍看之下，好像醫院裡拍攝的X光片，縱向有幾條黑、白的粗線，這就是磁壁。另外，標示GB的地方為晶界。

在a狀態下，在外界施加磁場，磁壁會漸漸移動。我們可以看到往左移動的磁壁（b），受到晶界阻擋。圖6-2-1不是模擬影像，而是實際的狀態。

同樣的磁壁移動，再以微磁學模擬來觀測，則會呈現圖6-2-2的影像，卡在晶界的地方。磁壁一旦進入晶界，便會穩定下來，後來需要更強大的磁場才能脫離。

勞倫茲TEM觀察磁壁

接下來我們來看熱加工磁鐵的磁壁吧（圖6-2-3）。上下圖分別為釹濃度接近$Nd_2Fe_{14}B$化學劑量組成的合金，與釹濃度較高且保磁力較高之磁鐵磁區，我們可以觀察到兩種磁鐵磁區。如同前面的說明，磁壁是黑白交替的影像。以這個磁壁作為界線，磁化方向會上下交互排列。看起來微小的粒子是「釹2：鐵14：硼1」（$Nd_2Fe_{14}B$）晶體，一

6-2-3 勞倫茲 TEM 觀察磁壁的移動

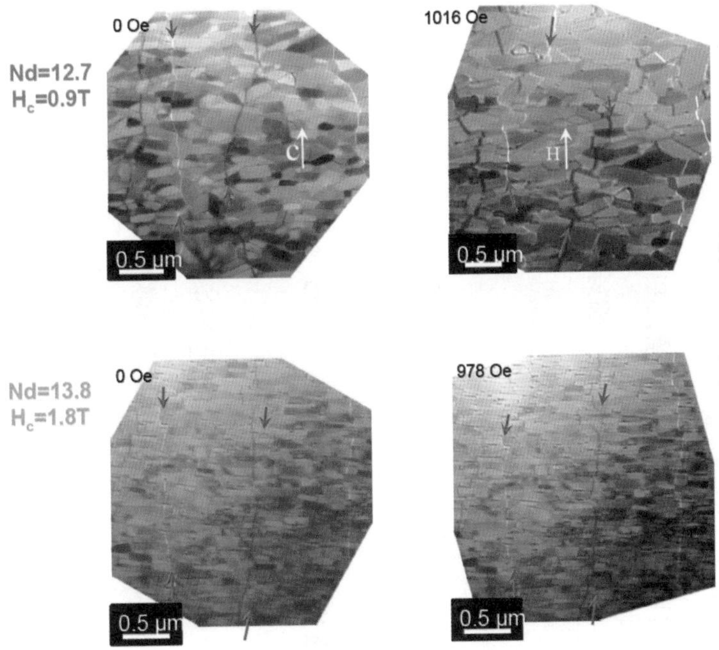

個磁區含有無數個 $Nd_2Fe_{14}B$。

消磁狀態是指，一些晶粒內部被分斷，相鄰的磁區體積也都不同，不會對外部產生磁場（左圖）。

在外界施加約0．1特斯拉的磁場，磁壁便會發生移動（右影像）。

若是磁壁直立伸長（左影像），體積最小，磁壁能量也最小。然而，施加磁場以後，如紅色箭頭所示，磁壁會卡在晶界處，形狀變為崎嶇的鋸齒型。從影像中可見，磁壁真的會卡到晶界的地方。

另一方面，我們來看看保磁力高的熱加工磁鐵。磁壁不會像上一個例子因磁場而卡住，施加磁場的前後，磁壁幾乎沒有變化。高釹濃度熱加工磁鐵，晶界的釹濃度高，晶界部分的磁性低，所以產生強大的釘扎力。可見，保磁力高的磁鐵，磁壁不容易移動。

克爾顯微鏡、Spring-8、全像投影

——真厲害，那麼除了電子顯微鏡之外，還有其他裝置可以觀測磁鐵嗎？

還有很多喔，除了掃描式電子顯微鏡（SEM）、穿透式電子顯微鏡（TEM）、原子探針之外，還有克爾顯微鏡（Kerr Microscopy）。

使用克爾顯微鏡，我們可以觀測到磁鐵塊體表面的磁區。克爾之名來自19世紀蘇格蘭物理學家約翰・克爾（John Kerr），將偏極光打在欲觀測的試料上，反射的偏極光角度會受到磁性方向影響。克爾顯微鏡利用這個性質，可觀測偏極光角產生的對比差，也就

6-2-4 克爾顯微鏡的磁壁觀測

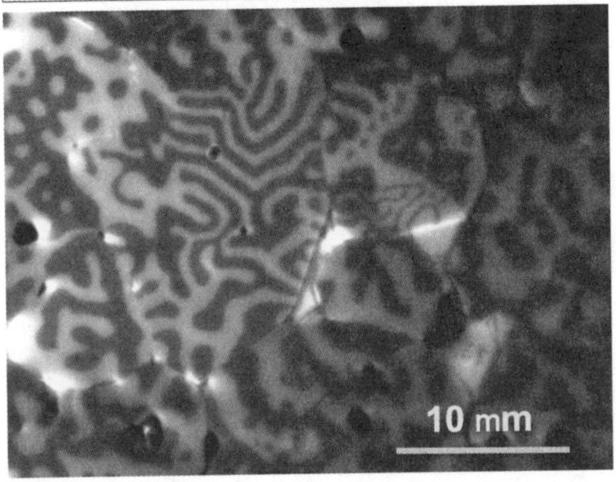

是所謂的「偏光顯微鏡」。圖6-2-4即為克爾顯微鏡的影像。

其他還有，委託同步輻射Spring-8的專家運用X-MCD裝置（X-ray Magnetic Circular Dichroism：軟X射線磁圓二色性），解析晶界相為鐵磁性還是非磁性層，並將磁區影像化。

過去，一般認為「晶界是非磁性層」。相對於這個常識，我們在研究過程中提出「晶界不是鐵磁性嗎？」結果，我們使用了各種儀器，委託多位研究專家，以不同的面向協助研究。Spring-8也是當時對驗證有所貢獻的儀器之一。

——怎樣才能驗證「晶界是鐵磁性」呢？

首先，我們先用原子探針測定濃度，製造相同成分的合金膜。然後，磁性測定的結果如同預期為「鐵磁性」，所以我們提出「燒結磁鐵的晶界很可能為鐵磁性」。

雖然反論相繼出現，但為了直接驗證推論，Spring-8中村哲也博士，將X射線打到截面上，由X射線產生的X-MCD訊號，驗證了「晶界相是鐵磁性」。

再者，東北大學多元物質科學研究所的村上恭和教授，使用電子射線的全像投影（Holography），直接觀測晶界相的磁性。電子射線全像投影，這是由經常入圍諾貝爾獎候選人的外村彰教授（1942年～2012年）所開發的技術。

位於日本埼玉縣鳩山町的日立中央研究所，則是使用理化研究所的全像投影電子顯微鏡觀測的磁區影像，如圖6-2-5。

如同上述，使用多種技術分析，我們深入30年前研究所無法證實的釹磁鐵科學。根據儀器的性能、實驗研究專家的經驗，得到的資料也會有所不同，研究室需要自行培育這方面的人才，或者和其他專攻相同技術的研究室合作，研究釹磁鐵。

為此，日本元素戰略磁性材料研究部門（ESICMM）建立了完善的體制，讓不同專業領域的研究專家，可以朝著相同的目標共同進行研究。

6-2-5 電子射線全像投影驗證

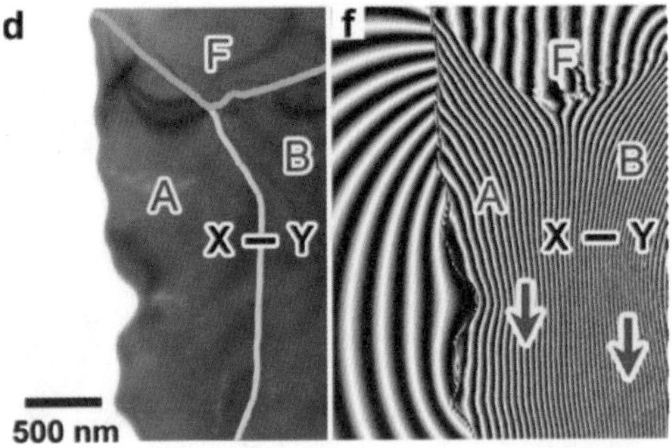

3

FIB 製造原始試片

——機會難得，能請老師告訴我們怎麼製造原子探針分析使用的「試片」嗎？

嗯……關於原子探針的原理，等一下參觀實驗室的時候再來說明，現在先來講試片的製造方法。

進行原子探針分析的時候，我們需要把試片製成針狀，直徑約100奈米。

但是，使用原子探針觀測燒結磁鐵中的晶界，會碰到一個麻煩，那就是燒結磁鐵粒

6-3-1 先將原子探針試片製成針狀

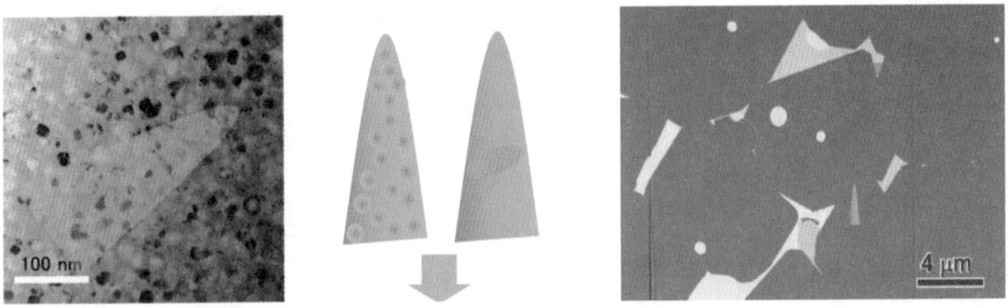

徑只有約5微米，我們無法從這樣的大小單獨取出來製作試片。當時還未確立這樣的技術。

以東北大學田中通義教授作為領導人，投入JST（科學技術振興機構）CREST研究戰略計劃之一「物質現象的解明暨新測量、分析基礎技術的應用」，在2006年時，「雷射輔助廣角三維原子探針的開發暨裝置解析的運用」，此課題幸運獲得採納。

這個研究的宣傳標語是「①開發可解析各種材料的三維原子探針、②開發各種試片皆可製造原子探針試片的技術、③普及專業原子探針的通用解析技術。」

鎵雷射逐步削切

如同電子顯微鏡的觀測，解析研究的成功與否，有八成取決於「試片的製造」。原子探針法也是如此。

我們需要考量的問題有：什麼樣的試片能得到什麼樣資料？這項情報只能從原子探針得到嗎？這項情報能幫助材料的開發嗎？所以，試片的製作真的非常重要（圖6-3-2）。

例如，我們想要將①的試片製成針狀。以「想要看膜的界面」為例，首先在金屬覆蓋一層保護膜，接著用鎵離子挖出側溝，再用鎢探針拉起（③）。將探針和試片接合到金屬棒上。

接著，用另一個鎢探針削切，細微加工試片（④～⑤），再用鎵離子削切多餘的部分，最後以環狀、圓狀鎵離子束削尖（⑥～⑧）。

這個技術並非完全由我們開發，之前便用於FIB（Focused Ion Beam＝聚焦離子束）裝置，製造電子顯微鏡試片，我們只是應用到原子探針的試片製造。

在CREST計劃之中，購置了體積龐大的「搭載聚焦離子束儀的掃描式電子顯微鏡（FIB-SEM）」，若沒有這個儀器，即便能夠完成雷射輔助三維原子探針，也沒有辦法製造試片，所以這台FIB-SEM裝置，對整個計劃的推動，非常重要。但是，監督計劃的教授們卻認為：「你們只是想要買這台裝置而已。」沒有得到支持，但後來這個儀器對CREST課題「元素戰略」磁鐵研究，具有卓越貢獻。在絕妙的時間點導

6-3-2 針狀試片的製造步驟

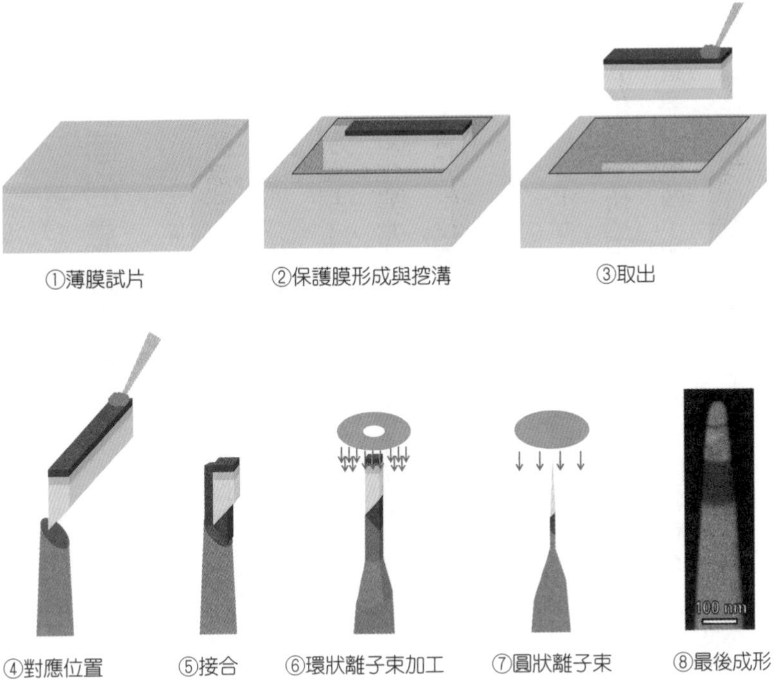

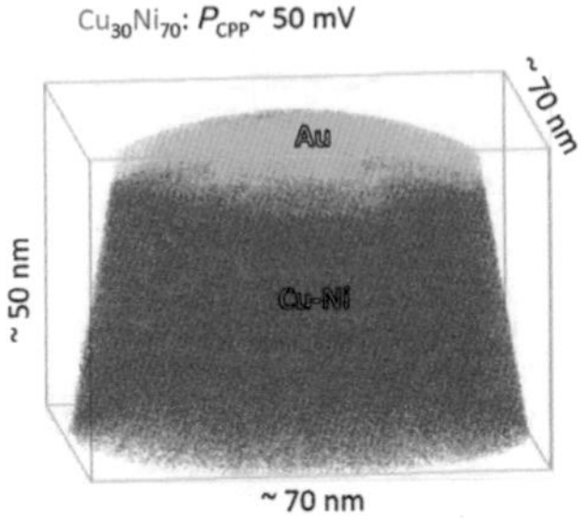

矽基板上成膜的銅鎳合金，與金的雙層薄膜，以三維原子探針建立的原子圖。

入必要的儀器，我們真的是很幸運。

研磨表面的意外事件

燒結磁鐵的晶粒徑約5微米，相對比較大，所以使用掃描式電子顯微鏡來觀測最為適當。掃描式電子顯微鏡會先機械研磨試片的表面，再打上電子射線，進行觀測。

然而，我們碰到了一個問題，富釹相的釹容易氧化，在機械研磨的時候，釹就會漸漸氧化。由於氧化異常快速，試料表面研磨完成，在放入掃描式電子顯微鏡之前，富釹相的氧化物早就如雨後春筍般增加（圖6-3-3（a））。

製造試片的過程，不到1個小時氧化物就會覆蓋富釹相。因此，在過去的研究中，都沒有辦法利用SEM，清楚觀測釹磁鐵中的富釹相。

因此若依照「研磨試片→將試片放入掃描式電子顯微鏡」等傳統作業步驟，是觀測不到我們想要的東西。如今可以拍攝到如圖6-3-3（b）漂亮的影像，多虧試片放入掃描式電子顯微鏡後，我們一邊以FIB削切表面、一邊進行觀測。

6-3-3 富釹相的加速氧化

(a)　　　　　　　　　　　　　　(b)

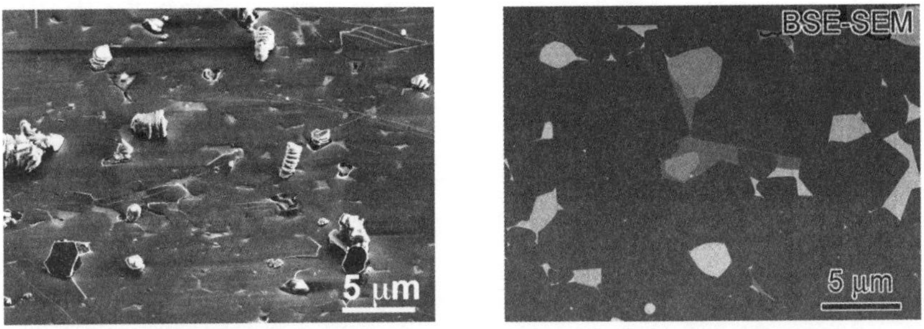

（a）研磨釹磁鐵表面後暴露於大氣之中，觀測這樣狀態下二次電子的SEM影像，和（b）以FIB去除表面氧化物層，從乾淨表面反射電子的SEM影像。（a）突出的部分為富釹相接觸空氣後氧化的釹氧化物，過去觀測時，因為這層氧化物的影響，造成有幾個富釹相無法識別。經由搭載FIB高解析度的SEM，才終於能分辨數個富釹相。

——難得有機會參加這次研習，我想要再多瞭解一些。

接下來，我們要到實驗參觀這些儀器和磁鐵製作的裝置。

第7節課

進入銣磁鐵實驗室！

1 參觀原子探針

釹磁鐵內部有同心圓

那麼，研習接近尾聲，現在我要帶大家參觀實驗室。我想大家可以趁機整理一下前面所學的知識。

——哇！好漂亮！

大家現在所看到的（圖7-1-1左圖）是，在場離子顯微鏡（FIM）下，釹磁鐵表面原子的樣子。場離子顯微鏡、原子探針，為了使試片表面的原子離子化，需要非常高

7-1-1 釹磁鐵的試片表面各元素飛過來的樣子

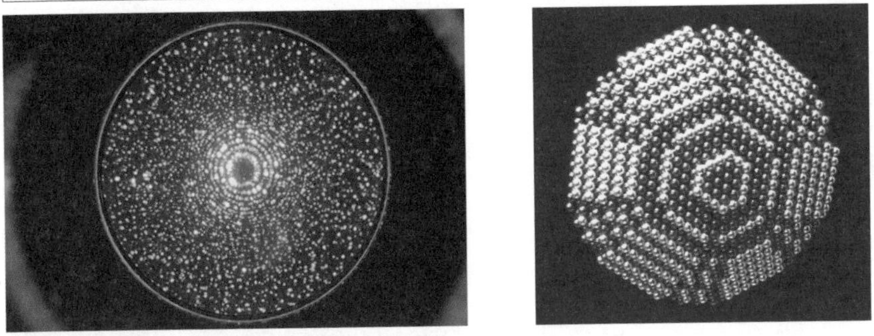

右圖為利用數百個釹磁鐵為基礎，在實驗室中重現的模擬圖。

7-1-2 脈衝雷射打出釹離子，檢測到再以三維原子探針解析影像

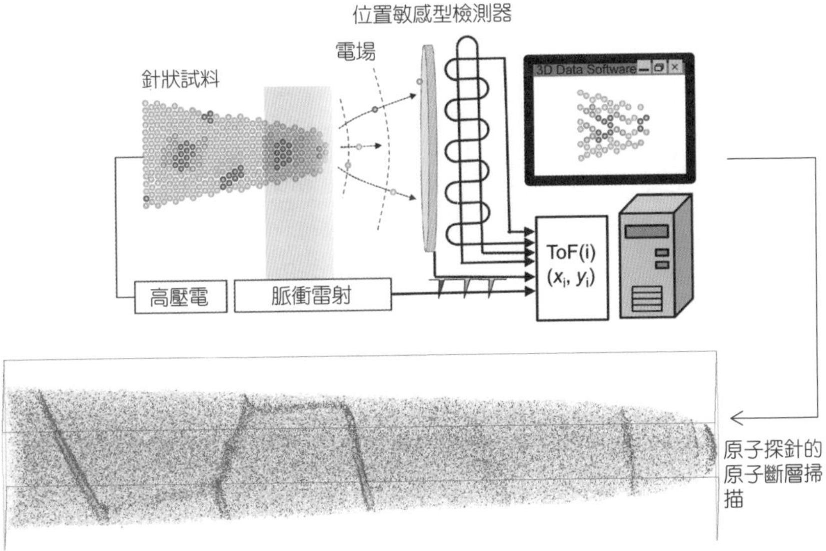

的電場，平均1奈米需要1伏特，所以平均1米需要100億伏特的高電場。

試片製成了針狀，尖端的電場會變高，場離子顯微鏡、原子探針使用的針，尖端半徑約500奈米，真的是非常尖銳。

在這個針上施加數千伏特的電壓，則針尖端會產生高電場。在這樣高電壓的表面，電中性的原子會失去電子而離子化。這種現象稱為**場離子化**或**場蒸發**。

我們實驗室是將釹磁鐵加工成針狀，施加電壓。再將FIB的不鏽鋼容器抽成真空，導入一些氖氣。接著，針的半球上有原子的凹凸，所以原子突出的地方會將氖氣的原子，優先場離子化，因此與試片相反方向的檢測器因而發光，形成了美麗的圖形。

雖然這個影像可以觀測到各個原子，但我們卻不曉得是哪種原子。

在高電場下，將脈衝雷射打在試片表面，原子會受到雷射激發，產生場蒸發現象。從針尖端到檢測器之間，電場呈現放射狀分布，離子在等電位面的法線方向，會受到加速，最後抵達檢測器。

如此，從打出雷射到原子離子抵達檢測器的時間，加以測定，我們可以推測原子質量。知道了原子質量，我們可以推測元素的種類。這個檢測器搭載檢測位置的機能，可知道離子到達檢測器上的位置。利用電腦進行三維處理資料，三維重現試片元素的分

7-1-3 原子探針儀器和內部相片

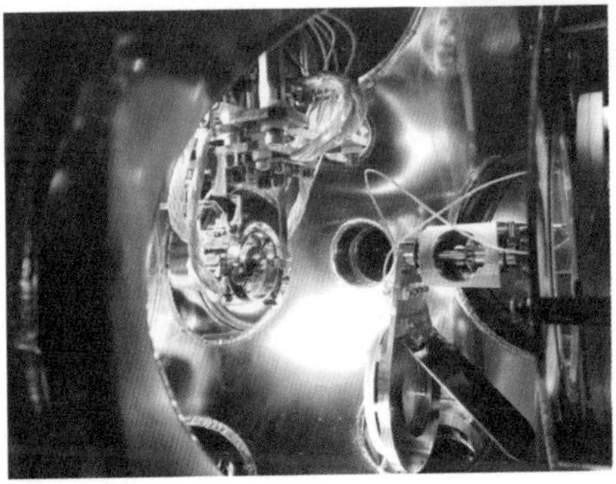

布。這種方法稱為**「三維原子探針」**，最近又稱為**「原子探針斷層掃描（Atom Probe Tomography）」**。

斷層掃描是指X光電腦斷層（Computed Tomography）成像。最近X光斷層掃描、電子射線斷層掃描兩個方法普及，但這兩個方法都沒有辦法顯示不同的原子。三維原子探針的特性是，能夠對原子斷層進行掃描。

——現在，世界上有多少台原子探針呢？聽說以前世界上只有幾台。

如今，我們在市面上能購買優良的儀器，這十年間急速增加了數十台，世界上的原子探針裝置，大約有30台至40台吧？相較於全世界，日本擁有較多台原子探針，大約有10台左右，在我們這間實驗室就有兩台。

這間實驗室的原子探針裝置，完全是由我們設計，繪製設計圖，再送往工廠製造。至於雷射、檢測器等零件則各別購置，最後在研究室組裝驅動原子探針。這樣成本只需要市售儀器的三分之一。

——你們購買的是市面一般的雷射？

沒錯，是一般的雷射，但因為使用比一般可見光還要短波長的紫外線，肉眼是看不見的。再來，脈衝振幅是使用數百飛秒（femtosecond）的飛秒雷射，非常昂貴（費用約可蓋一棟房子）。

2 參觀FIB儀器

——我們先以這台FIB儀器製造試片，再置入原子探針，進行檢測。

沒錯。以鎵離子來削切試片，削切、再削切，最後削成針狀。操作步驟曾在第6節課介紹過，在此我們來參觀實際的過程。

此圖（圖7-2-2）顯示的影像是，製造原子探針試片的過程。攝影方向包括：針的正面角度觀測，或從鎵的角度觀測。一邊以掃描式電子顯微鏡（SEM）觀測試片，一邊將細光束鎵離子打在想要加工的部分進行加工。作成針狀以後，再從針的正上方使用鎵離子圓環狀掃瞄，削尖針頭。

——針頭約有多大？

7-2-1 在螢幕上確認，將針狀試料置入原子探針儀器

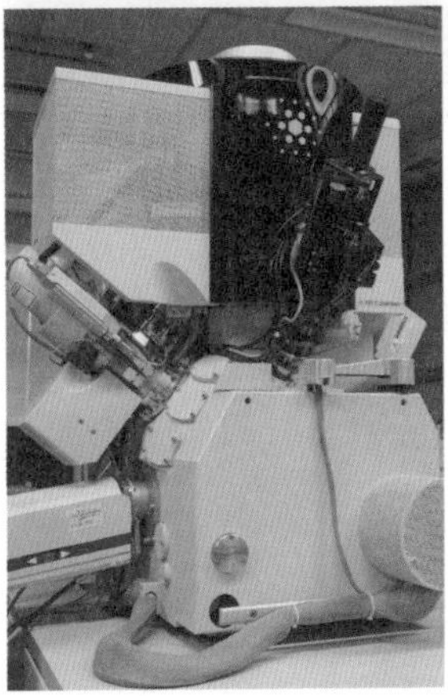

7-2-2 以 FIB 削切試片，製造針狀試片

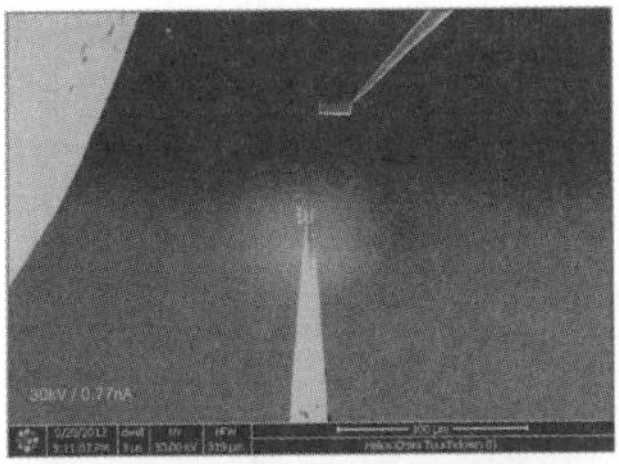

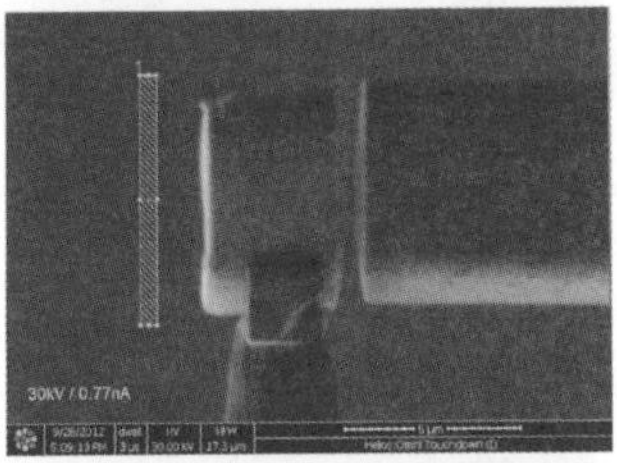

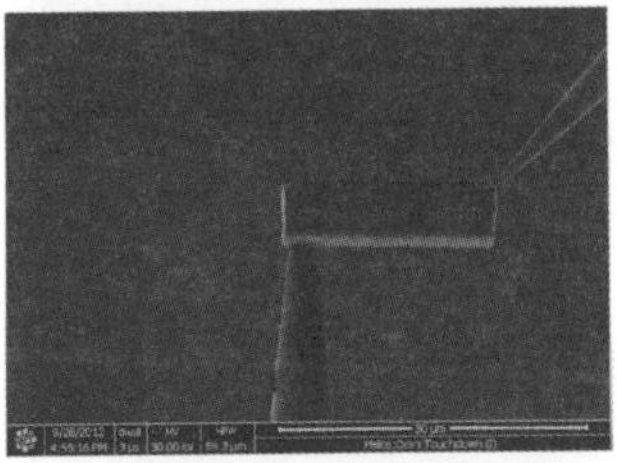

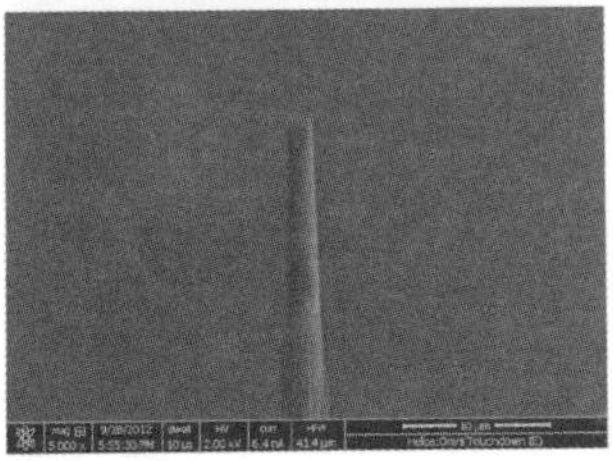

製成的針狀物，尖端直徑約為100奈米，也就是10^{-7}米，約為0．0001毫米。前面是削切前的影像，尖端還不夠尖銳。將鎵離子打在這個地方，逐漸削尖。到此費時約1個多小時，然後還要繼續削切1個小時，所以總共需要花費兩個小時。

——要兩個小時！難道不能將試片的製造自動化嗎？

不行。若是大量製造相同形狀的東西，像是面具的製造，削切、黏貼的步驟都可以自動化操作，但原子探針試片的製造，幾乎不能自動化操作，必須一邊以SEM觀察試片，一邊人工作業。

光學顯微鏡是利用光原理的儀器；掃描式電子顯微鏡（SEM）則是以電子射線代替光的儀器。將電子射線打在試片上，檢測反射的電子。因為是以收束電子射線掃瞄（Scanning）試片表面的類型，電子射線會在試料表面凹凸處往各方向散射。檢測器捕捉折射電子射線的強度，一邊繪製XY座標圖一邊描繪對比的影像。

SEM最大的特徵是，拍攝的景深較深，也就是焦點比較深。即便掃描時多少有高低變化，電子射線也會潛入其中，測出從該處反射的電子射線強度，比較少發生失焦的情形，影像顯得清晰對比。

——SEM還有什麼其他功能嗎？

嗯……電子射線打在試片上會產生X射線。由X射線的波長，我們可以推測含有哪些元素。這些資料也是光學顯微鏡無法獲得，只有掃描式電子顯微鏡（SEM）獨有的特徵。

最近開發的SEM，搭載了鎵離子束，所以用SEM也能夠得到斷層掃描圖。雖然解析度遠不如三維原子探針，但適合用來拍攝微米級細部結構的斷層掃瞄。燒結磁鐵的晶粒徑約為1～5微米，使用SEM也能夠清楚觀測$Nd_2Fe_{14}B$。

使用搭載FIB的SEM，如同前面所說，我們一邊以SEM觀測試片，一邊任意照射鎵離子，任意加工試片。另外，試片製造時，機器加工造成歪斜的部分，以及試片表面接觸大氣所形成的氧化物層，可以在抽真空的SEM試片室去除，觀測試片原本的模樣。

再來，因為能夠一邊削切試片表面，一邊連續記錄影像，連續重現這些影像，我們可以得到三維斷層掃描圖。

圖7-2-3的三張影像，是一邊用鎵離子削切，一邊觀測的一連串影像。解析二維影像，可得知各深度的釹、鐵、銅等分布情形。然後，將二維影像轉換成三維影像（圖7-2-4），我們便可看到各個部位的立體樣貌，整個就像是CT掃瞄的人體輪切圖。由這樣的影像，我們可以推論「鐵磁性包覆於非磁性相中」。

如同上述，SEM的使用帶給我們許多珍貴資料。

生病的時候，我們會去醫院做CT檢查、MRI檢查，調查身體出了什麼事情，進而決定治療的方法。材料研究也是同樣情況，我們需要先徹底解析材料的細部結構，找出保磁力降低的原因，最後找到改善的方法。**觀察材料的細部結構，本身就是材料開發的一部份**，是非常重要的步驟。

7-2-3 削切釹磁鐵試片、同時觀察影像

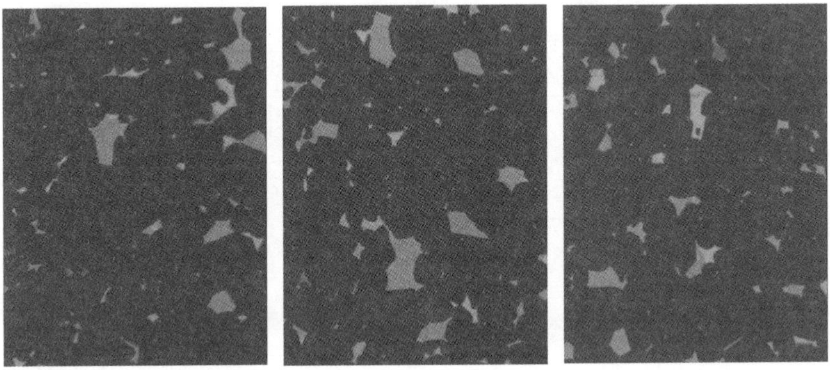

可以知道釹、鐵、銅等的分布

7-2-4 將二維影像轉換成三維影像

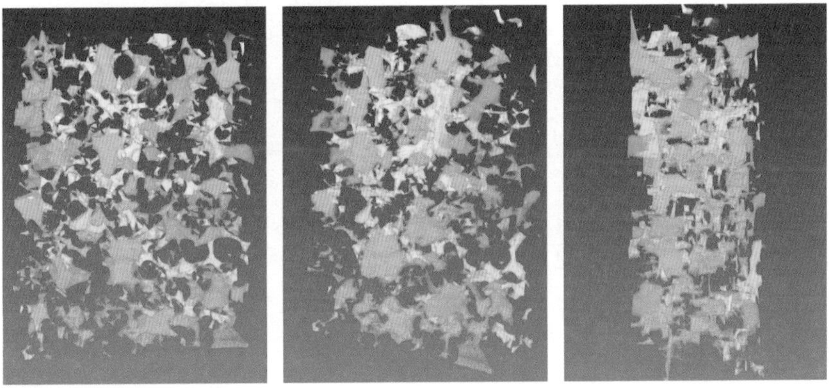

3 用最強悍的泰坦*註TEM觀測原子

——穿透式電子顯微鏡（TEM）的特徵是什麼？

前面已經有說明過，穿透式電子顯微鏡（TEM）如同字面上的意思，是以穿透物質進行觀察的儀器。舉例來說，將試片切成薄片（1000Å＝10^{-8}左右，Å唸作埃），電子射線打在極薄的試片上，穿透後從下方穿出，簡單說就像是照X光的感覺。

雖然光學顯微鏡也可以穿透，但因為是使用長波長的可見光，無法分辨小於數百奈米的東西。穿透式電子顯微鏡（TEM）和掃描式同樣使用電子射線。200千伏特加速電壓的電子射線波長為0．003奈米，若電子顯微鏡的透鏡完全沒有像差的問題，

＊荷蘭製電子顯微鏡的型號代號 Titan。

7-3-1
穿透式電子顯微鏡下的電子繞射影像（右）和原子柵格（左）

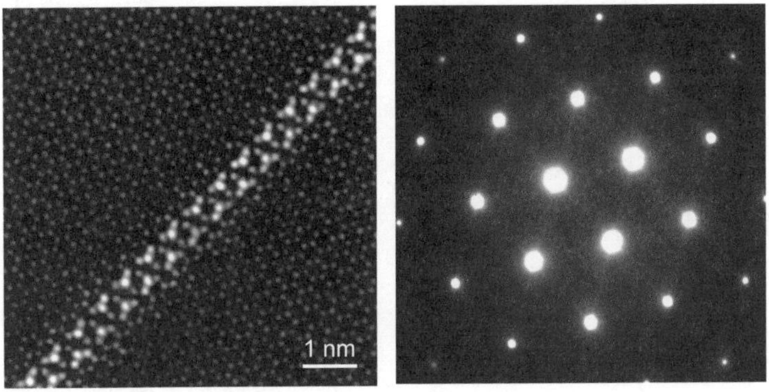

則解析度會低於原子直徑。也就是說，若沒有像差的問題，可以用電子顯微鏡來分辨原子。

話說回來，你們知道像差是什麼嗎？

太陽光經過透鏡而聚焦，但絕對不會聚焦到一點，只會聚焦到一定範圍的大小。這就是像差。若是透鏡沒有像差，理論上，光會聚焦到一個無限小的點。能夠修正像差的電子顯微鏡，稱為像差修正電子顯微鏡。

另外，打上電子射線，如同X光繞射，我們可以得到電子繞射圖，進而推測晶體結構以及其他各種資料。

圖7-3-1的左圖是穿透式電子顯微鏡的影像，可以清楚看到原子並排的樣子（原子柵格）。

——原子並排的樣子？好厲害。

圖7-3-2的影像是「釹2：鐵14：硼1」格子，投影出來的原子結構為富稀土元素相接續三層鐵相，看起來像貫穿原子一樣。

影像的左上角為實際結構的投影像。令人驚訝的是，和穿透影像完全一樣。看起來明亮的部分為釹濃度較高的相，兩相之間夾雜了三層位置偏移的鐵層。

——這就是穿透式（TEM）電子顯微鏡——泰坦（Titan）。

穿透式電子顯微鏡（TEM）的便利之處在於，儀器搭載了各種分析工具。圖7-3-4為以電子射線掃瞄取得的特性X光圖，與光解析電子顯微鏡的影像相同。紅色的是釹，綠色的是鐵。厲害吧，幾乎能解析原子層，進行元素分析。右圖為相對於直立方向，以特性X光強度估計鐵、釹、銅濃度圖表。從中我們可以發現，釹的濃度會呈現週期性波動。TEM的分析能力竟然高到這個地步。

7-3-2 投影原子結構的 TEM 影像

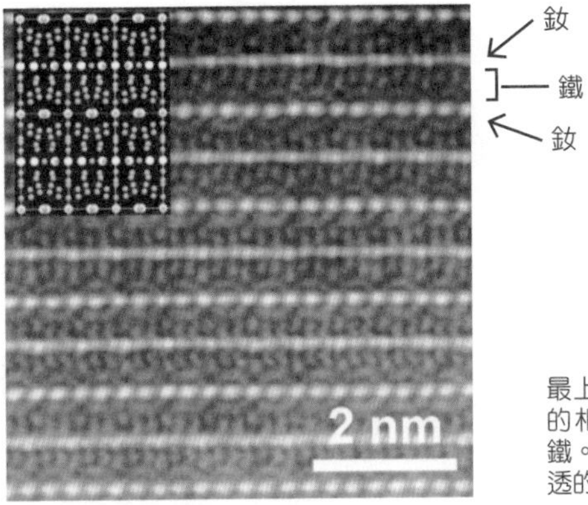

最上面白色行列是富稀土元素的相，緊接著夾入約有3層的鐵。左上角的投影像和實際穿透的影像令人驚訝地一致。

7-3-3 穿透型電子顯微鏡（TEM）泰坦（Titan）

7-3-4 X 光光譜儀（TEM-EDS）解析
——釹、鐵等組成分析

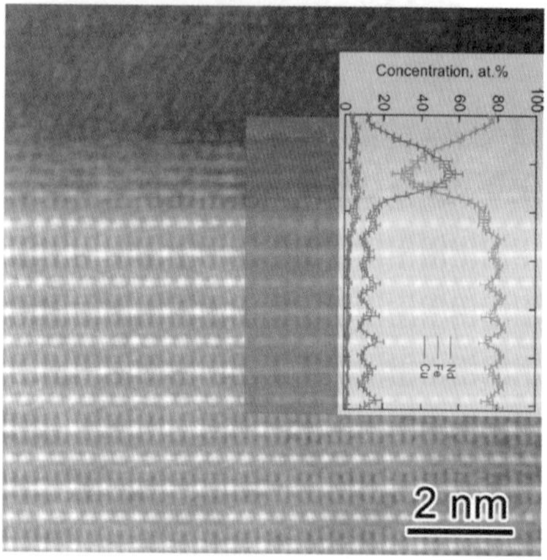

過去要拍攝這種分布影像需要2～3小時，但現在只需要5～10分鐘，真的是一大進步。所以三維原子探針也要不落人後。

——這個TEM的機箱滿大的，顯微鏡會因為鏡筒的長度，而性能有所差異嗎？

加速電壓，也就是加速電子的電壓愈大，電子顯微鏡的鏡筒部分也需要比較大。提高電壓可以穿透較厚的試片，電子射線的波長變短，理論上解析度也會增加。

只是，最近的高解析度規格的TEM皆搭載了球面像差修正器的機能，光束可收束得非常細。因此，即便低電壓下，也有很好的解析度。解析度大約有多少呢？空間解析度為0．08奈米（約為1毫米的1000萬分之1），也就是0．8埃。1埃有1個原子，解析度比原子的直徑還要小，所以能夠觀測到原子列。

因此，這種TEM即便沒有提高加速電壓，也能得到高解析度。相反地，過度提高加速電壓，試片反而會因為電子射線的照射而破損，以低加速電壓的電子射線獲得高解析度，比較能得到完整的資料。

4 實習液態急冷

這間房間是製造磁鐵的實驗室。這裡沒有像製造廠商那樣的大規模設施，微粉的製造不是以燒結法，而是用液態急冷法，設備也以固化微粉為主。

——可以請老師按製程順序來說明嗎？

沒問題。關於液態急冷法，前面已經說明，但實際看製程是第一次。這是還未處理的材料（圖7-4-1）。舉例來說，將釹、鐵及硼混合的原料置入輸氣石英管，在使用之前先在輸氣管的前端開個小洞。因為釹、鐵及硼的原料為粒狀或板狀，並不是使用細微的粉末（圖7-4-1），所有材料不會從洞口掉出。這是板狀的釹和粒狀的硼。

在這樣的狀態下，設置好原料及液態急冷器，以高頻率感應加熱線圈將原料加熱到

7-4-1 準備原料
——釹鐵硼合金

7-4-2 在輸氣石英管中
置入釹鐵硼合金

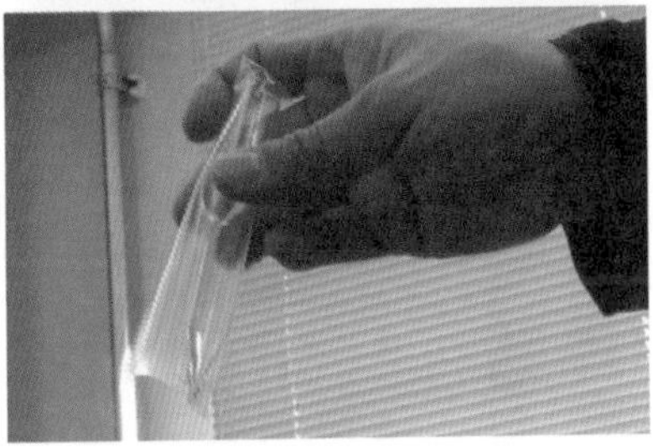

輸氣石英管

7-4-3
形成緞帶狀的釹
鐵硼合金

1000℃，熔化裡面的材料。

從熔化成液態的材料上方注入氬氣，熔化物因而從下方流出。下方設置了高速旋轉的銅滾輪，當高溫的熔化物碰到滾輪表面會瞬間急速冷卻，固化後呈現緞帶狀（圖7-4-3），最後予以回收。這就是液態急冷裝置的機制。

——雖然前面已經學過原理，但實際觀看製造過程，還是覺得很厲害。只是碰到銅而已，真的就急速冷卻。真是不可思議。

銅的導電率非常高，所以旋轉的銅滾輪可以進行高速冷卻。冷卻後，回收到裝置的右邊。若是企業用的製造裝置，還可以製造緞帶狀、帶狀的成品。銅滾輪的旋轉速度大約每秒40公尺。

5 施加磁場的壓製機

對液態急冷或其他方法製造的釹磁鐵粉末施加磁場，可使晶體方向一致。

前面以液態急冷製造的粉末，裡頭佈滿了數十奈米的晶體，但奈米晶體的方位並不一致，只能說是等向性磁鐵。同樣可在粉末中作出奈米晶體的方法還有**HDDR法**。

圖7-5-1是HDDR的裝置。這個裝置和手套箱（glovebox）連接在一起，在氦氣中處理容易氧化的粉末。將液態急冷所製成的合金粉末置入裝置的試料室，就可以在氫中加熱。粉末先吸收氫，形成釹的氫化物，再置入真空中

7-5-1 HDDR 的裝置

磁鐵的製造還有HDDR法，這間研究室主要採用縮小粉末、使用電力爐等製造磁鐵。在氦氣中下處理粉末並加熱。

7-5-2 將粉末置入模具（右側）固化

加熱除去氫，粉末便會形成數百奈米的晶粒。

液態急冷法作出的粉末，奈米晶體的方位不一致，但使用HDDR法，晶粒的方位便可朝同一方向，製造異向性磁鐵的原料。這邊的是小規模的實驗裝置，而愛知製鋼公司獨自開發出d-HDDR法，生產Magfine商標的磁鐵粉，作為異向性磁鐵的原料。

HDDR磁粉過去都是作為黏結磁鐵的原料使用，不會用在像燒結磁鐵這樣擠滿合金粉的高密度磁鐵的製造上。我們現在研究的是，以HDDR高溫壓製固化異向性奈米晶體磁粉，試圖製造像燒結磁鐵的緻密異向性磁鐵。粒子的粒徑約為50微米，而內部的晶粒結構則約為200~300奈米。

若能維持超細微晶粒徑並高密度固化，不就能製造保磁力比燒結磁鐵還要高的磁鐵嗎？為此，我們必須先使微粉的方向一致，再進行固化。我們將這些微粉置入模具中

（圖7-5-2）。

圖7-5-3是稱為磁場中成型機的壓製機，如同其名，以施加磁場（磁界）來壓製磁鐵，使微粉的磁矩朝同一方向。朝橫向施加磁場，朝縱向施加壓力，磁鐵的微粉呈並排狀態，磁矩的方向統一而固化。在這個階段還處於鬆散脆弱的狀態，但磁鐵已經成形了。

7-5-3 將粉末置入模具，接著在磁場成型機中施加磁場並壓製

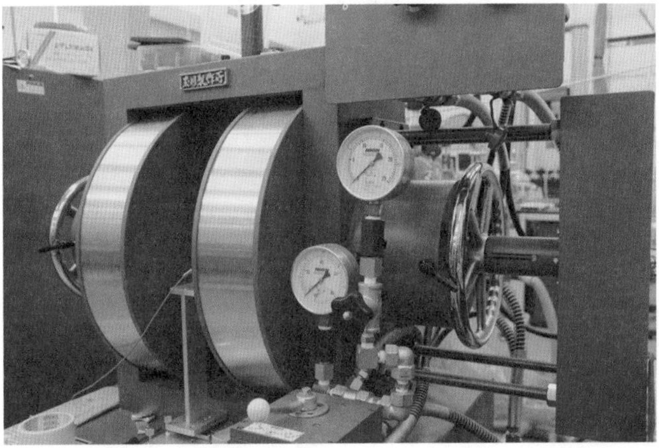

液態急冷～熱加工的結合作戰

液態急冷法固化的磁塊，可以直接放入烤爐中燒製。這就是燒結法，但若燒結晶粒200μm～300μm的微粉，晶體的體積不用多久就會變大，造成保磁力降低。所以，我們才會選擇一邊施加壓力，一邊急速加熱的方法，保持著細微晶粒徑的狀態，

7-5-4 從材料的橫向施加磁場，從材料的縱向施加壓力

磁場中壓製的整組裝置

來燒結磁鐵。

雖然液態急冷法適合製造非常微小0．02～0．05μm的材料，但磁矩方向不一致，若直接燒成磁鐵，殘留磁化量不及燒結磁鐵的一半（圖5-1-6、211頁）。高密度黏結磁鐵的特性只有提高，但後來經過熱加工裝置，高溫下強力加壓，磁鐵因而變形，同時磁晶體方向整齊朝向同一方向。這是新的方法。

下頁圖7-5-5是熱加工裝置的照片。右上角照片的右邊有個大玻璃上露出手套的儀器裡頭裝有氧濃度極低的氬氣，這是為了防止容易氧化的釹合金粉末氧化。我們在這裡面進行磁粉置入模具的作業，接著將其移入左邊有兩個窗口的儀器中加壓加熱。

實際加熱的情況如圖7-5-5左上角的照片。磁粉經由熱壓製造圓柱型。下方的照片是原料的磁粉（左）和熱壓製造的圓柱型磁鐵。

製造圓柱磁鐵後，更換成別的模具，一邊加熱一邊強力加壓，壓扁圓柱磁鐵。然後，我們就能製造硬幣狀的試片，如圖6-5-5下面右側的照片。裡頭布滿了第5節課看到的200奈米扁平晶粒，易磁化軸垂直於硬幣表面。如此，我們製造異向性熱加工磁鐵（圖5-3-3（b）、223頁）。

我們採用不同以往燒結磁鐵的製程製造磁鐵，晶徑只有燒結磁鐵20分之1，具有高

7-5-5 以熱加工裝置統一晶體方向

保磁力。而且，此方法也改善了於混合動力車應用中之保磁力的熱穩定性。

如同第5節課說明過的，最近我們藉由熱加工的磁鐵，使低熔點的金屬滲入晶界，研發了不使用鏑也能得到高保磁力的方法。

這種方法是將細微晶粒製造的熱加工磁鐵，使晶界呈現非磁性分斷粒子間的磁力結合，藉以提高保磁力。

6 磁化裝置瞬間製造磁鐵

——這個小裝置是什麼？

這是磁化裝置。還未磁化的磁鐵，或者因為某些原因而失去磁性的磁鐵，使用「磁化裝置」便能瞬間磁化。

研究室中的裝置非常小型，所以只能插入裝置孔洞大小的東西。磁化裝置的內部纏繞了一圈圈的線圈，電容器儲存電力再瞬間釋放大電流，產生脈衝磁場。

磁鐵製造商是使用大型裝置來生產，若將經磁

7-6-1 將未磁化的磁鐵前端放進去磁化。磁場發生在孔洞的方向

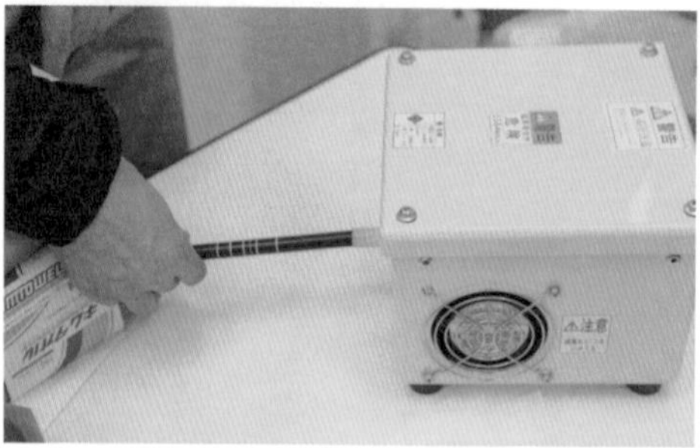

化的高性能磁鐵帶入汽車工廠，在組裝Prius汽車時，會吸附到汽車的其他部分，反而有礙作業。若是附近還有其他磁鐵，兩個磁鐵還會相互干涉。

所以，我們會先在未磁化的狀態先組裝馬達，後來再使用磁化裝置施加磁場。

那麼，我們來實際磁化看看。電流會瞬間產生強大的脈衝，請大家小心。

好，這樣就完成了。把這個靠近指北針看看，指針產生反應了。這就是變成磁鐵的證據。

磁鐵的研習到此結束，接下來要頒發結業證書。不過要先通過考試喔……（笑）。

7-6-2 未磁化的磁鐵（左），指北針不動；磁鐵磁化後，指北針的指針就會受到磁鐵吸引。

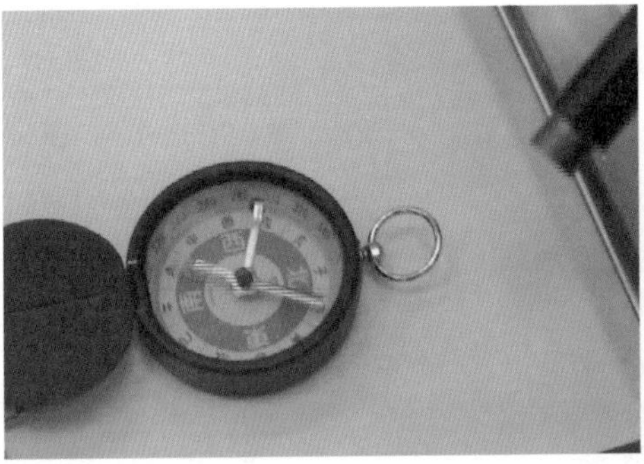

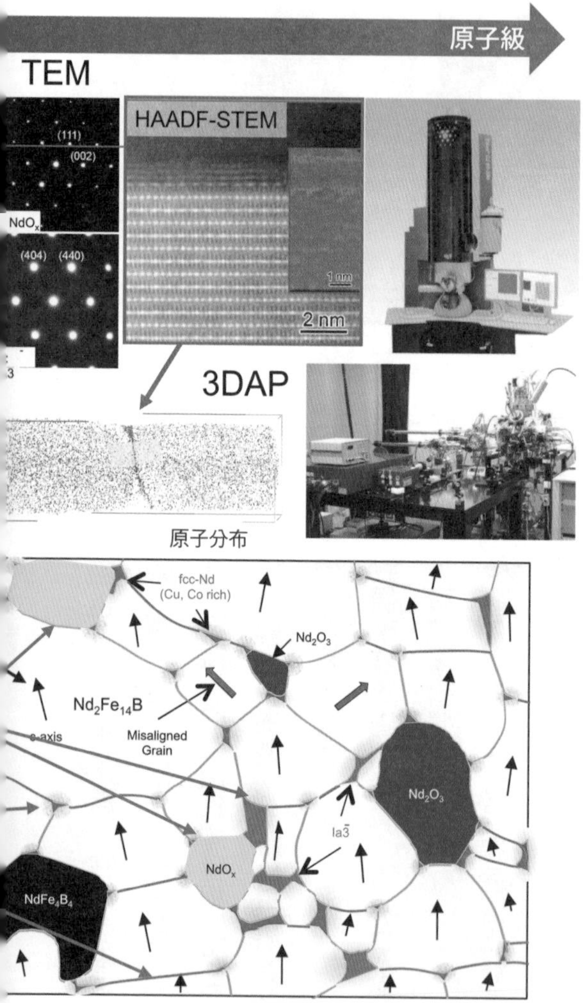

2015年

2005年之前的燒結磁鐵，其細微結構如左下角的圖。從中可以看出$Nd_2Fe_{14}B$的三相點中有釹濃度較高的富釹相。現在，藉由SEM的電子背向散射繞射法（EBSD），我們可以解析各晶體的方向，透過SEM散射電子束和內透鏡二次電子束影像鑑定相態是否相同。由這個結果，我們可以推測某相態佔全體面積的多少%。想要以SEM鑑定相態，必須先以TEM電子束繞射來斷定各相的晶體結構，並加以標準化。晶界的結構可由觀測像差修正STEM的原子柵影像得知，大致的組成可由STEM搭載的EDS來製圖。為了定量解析含有的輕元素，我們必須用三維原子探針來解析原子。經由上述的過程，到了2015年，我們可以如右下的影像得知各晶體的方向、富釹相的鑑定、晶界相的構造與組成、界面的歪曲。再加上勞倫茲TEM的磁區結構，我們能更加理解釹磁鐵的細微結構和保磁力之間的關係，對高保磁力磁鐵的開發帶來幫助。「多維尺度觀測細部結構，是通往材料研發之路！」

多重尺度解析，深入瞭解釹磁鐵的細部結構

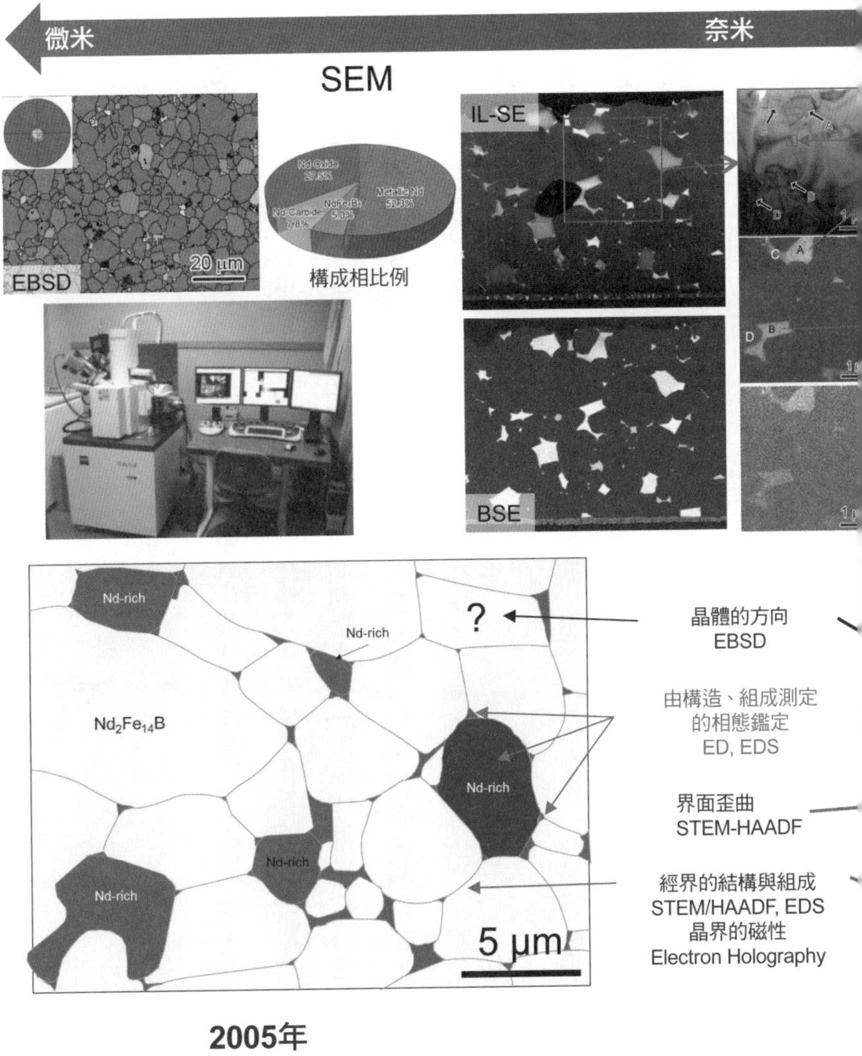

尾聲　超越釹磁鐵的化合物

本書主要是在講述釹磁鐵。介紹釹磁鐵的研究，最佳化$Nd_2Fe_{14}B$優異磁鐵化合物的細部結構，希望能夠改善磁鐵的特性，致力於改善保磁力、殘留磁化量的工學研究。

還有另外一種在磁鐵研究專家之間蔚為話題的課題——「未來能否找到超越$Nd_2Fe_{14}B$釹磁鐵的磁鐵化合物？」作為工業大量使用的鐵磁性元素，除了稀有金屬鈷之外，磁化量高、資源量壓倒性豐富的鐵，更是求之不得的事情。如同前面曾經說過，想要表現磁晶異向性，稀土元素是不可或缺的。

那麼，便產生一個疑問：「難道不能使用鐵和少量的稀土元素，製造超越現在釹磁鐵$Nd_2Fe_{14}B$的化合物嗎？」接著又會冒出另一個疑問：「完全不使用稀土元素，是否能夠製造實用的磁鐵？」

為了探討其中的可能性，圖1為高磁晶異向性的磁性化合物整理圖表。前面提過，

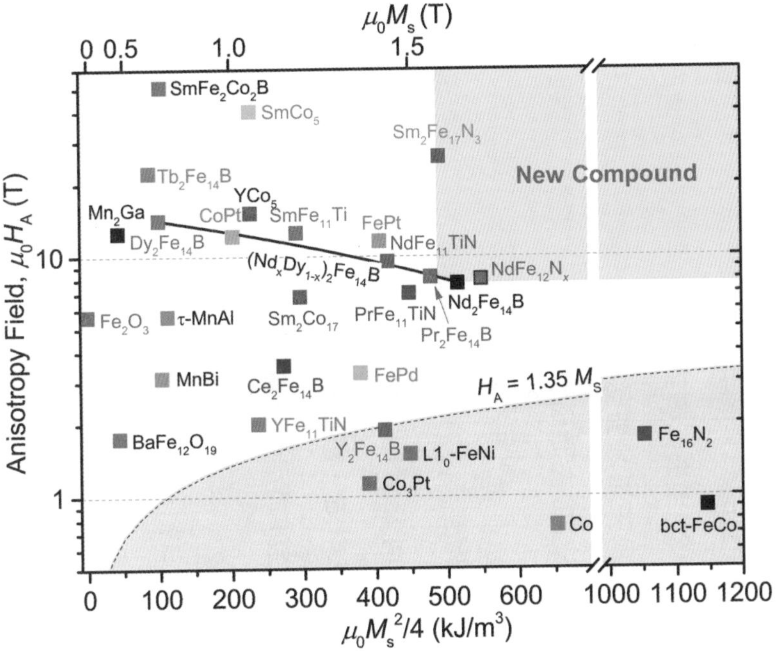

圖1　此圖是根據過去文獻上的實驗報告所繪製，包含磁性化合物的異向性磁場（μ_0H_A）、飽和磁化量（μ_0M_s）和 $\mu_0M_s^2/4$。最佳化細微結構的塊材磁鐵，所得到的最大保磁力約為~$H_A/3$，$(BH)_{max}$的上限大致為$0.8\mu_0M_s^2/4$。

磁性化合物的單體不能表現保磁力。藉由製造多晶體、細微化晶粒至微米尺寸、晶界上形成更薄的非磁性相，才能表現高保磁力。這個保磁力的上限大致為「異向性磁場的三分之一」，也就是圖表縱軸μ_0H_A除以3，這是實用磁鐵最大的保磁力。

另外，飽和磁化量μ_0M_s愈高，最大磁能積愈高，這是高性能磁鐵的必要條件。最大磁能積上限為$\mu_0M_s^2/4$，塊材磁鐵最少需有10%的非磁性相來獲得保磁力，所以，$(BH)_{max}$實際的上限～$0.8\mu_0 M_s^2/4$左右。

考量這些因素，從圖表上磁性化合物的物性質，我們可以推估最後得到塊材磁鐵特性的最大值。這是一張很清楚的圖表，非常方便。另外，由最大磁能積上限$\mu_0 M_s^2/4$的條件「保磁力需大於殘留磁化量的2分之1」來看，可以推導出化合物的異向性磁場必須滿足$H_A > 1.35M_s$，才能製造優異的磁鐵。未滿足這項條件灰色區域的化合物，不適合作為高性能的永久磁鐵（磁化量高不等於有足夠的保磁力）。

關於不適合作為磁鐵的化合物，現在世界上很多研究專家正在研究「不使用稀土元素可以製造磁鐵嗎？」$L1_0$-FeNi、$Fe_{16}N_2$、fct-FeCo備受矚目。另外，美國盛行以MnBi製造磁鐵的研究，但從圖1期望的鐵磁特性$\mu_0 M_s \fallingdotseq 0.7T$，$(BH)_{max} \fallingdotseq 80kJ/m^3$，考量到材料、生產成本，沒有辦法和鐵氧體磁鐵競爭。

以我的觀點來說，我會將這些化合物從研究磁鐵材料的對象排除。當然，這些不使用稀土元素的磁性化合物，能夠表現出某種程度的磁晶異向性，是相當有趣的物理現象，但其中的機制就交給物理專家來研究。

關於前面圖1類似釹磁鐵$Nd_2Fe_{14}B$的化合物，其中$Sm_2Fe_{17}N_3$，$NdFe_{11}TiN$，$Sm_2Fe_{17}N_3$的H_A很高，具備在高溫下維持保磁力的能力，可以作為高溫磁鐵使用。想要表現保磁力，磁鐵需要約10％非磁性相的複相結構，但$Sm_2Fe_{17}N_3$相在600℃便會熱分解，目前還沒有辦法以燒結法製造緻密的磁鐵。

另外一種$NdFe_{11}TiN$，也具有媲美$(Nd_{1-x}Dy_x)_2Fe_{14}B$的磁力特性，但相態也像$Sm_2Fe_{17}N_3$一樣不具耐熱性。元素作戰磁性材料部門——三宅先生的團隊，最近根據熱力學第一定律推算，只要去除$NdFe_{12}N$化合物中的鈦，理論上可以表現如同釹磁鐵$Nd_2Fe_{14}B$的μ_0M_s。

然而，遺憾的是，去除鈦的$NdFe_{12}N$化合物在自然界中並不穩定。於是，科學家試著以晶格完整的鎢作為基底，進行在$NdFe_{12}N$外圍合成薄膜的實驗，沒想到實驗結果顯示，其特有的物理性質超越釹磁鐵$Nd_2Fe_{14}B$。此外，相較於釹磁鐵$Nd_2Fe_{14}B$中的釹質量比27％，$NdFe_{12}N$的釹質量比僅有17％，大幅減少釹的使用量，而且還不需使用高價的硼，因此化合物具有資源和成本上的優勢。

然而，至今研究人員只成功合成薄膜，遇高溫分解的性質依然和$Sm_2Fe_{17}N_3$一樣，因此塊材磁鐵的發展還有很大的進步空間。「超越釹磁鐵$Nd_2Fe_{14}B$的化合物！」課題，為埋首物質研究的專家帶來了勇氣。

在開發新磁鐵的時候，首先決定了以什麼樣的化合物為基底來製造磁鐵，我們就可以由圖1來推測，最佳化細部結構的最大磁性。這樣的特性能應用在哪個領域？該應用領域中目前使用哪種市售磁鐵？新開發的磁鐵，在材料、生產過程上，能否與市售磁鐵的價格競爭？然後，我們還必須進一步探討，材料資源的生產量能否因應市場需求。若新磁鐵的研究開發進行不順利，則會遭到市場淘汰。

圖1標示粉紅色（New Compound）的磁性化合物，正是能帶來「超越釹磁鐵的磁鐵開發」。目前此部分僅標示粉紅底色，還未有確實資料。過去已有許多研究專家前仆後繼挑戰，然而現在想要以簡單的實驗，找出可列入此部分的新物質幾乎已是不可能。

那麼，我們該怎麼做呢？在此希望理論的研究專家擔任新物質研究的領航人。若研究人員只是一頭栽進實驗，卻沒有某種程度上的預測，可能連從哪裡下手都不知道。熱力學第一定律雖可預測物質超過室溫的物理性質，但導入熱力學第一定律的同時，另需考量相態的穩定性。我想，這樣的研究才符合「元素戰略」之名。元素戰略經常被喻為「現代鍊金術」，但若僅以實驗和直覺進行新物質的研究，不配冠上「現代」之名。

希望閱讀本書的讀者，能夠「我要在這塊人類未知的領域，豎起新化合物之旗！」年輕研究專家奮起吧。

如「序言」所敘，JST（日本科學技術振興機構）的CREST「以元素戰略為基軸，創造物質、材料的革新機能」研究領域（研究總負責人：理化學研究所研究顧問——玉尾皓平）之中，「釹磁鐵的高保磁力化」的相關研究，正是本書執筆的基礎。

與我長年一同研究此課題的研究專家，包括NIMS的大久保忠勝、H. Sepehri-Amin、佐佐木泰祐博士等人、秋屋貴博特約博士、以及研究生Liu Jun，感謝他們提供本書刊載的各種影像、照片。

在磁鐵的研究上，至今我與各方人士攜手研究，其中給予投入此課題契機並經常提供世界上最先進研究材料的佐川眞人博士，長年支持這項研究的TOYOTA汽車——真鍋明、加藤晃博士等，熱加工磁鐵研究提供試料的大同特殊鋼公司——服部篤、日置敬子博士等，對磁鐵研究方向直言不諱，給予有益意見的信越化學工業磁性材料研究所所長——美濃輪武博士，在背後推動共同研究的TDK原執行幹部——松岡薰女士，總是以豐富磁鐵知識薰陶我的NIMS元素戰略部門代表研究專家——廣澤哲博士，以及在元素戰略磁性材料研究部門參與磁鐵研究的各級研究專家、博士、研究生等等，感謝各位同仁的大力相助。

最後，推動本書付梓出版，並始終為拖稿勞於奔命的日本實業出版社編輯部——村松譽代先生，我要在此致上最深的謝意。

國家圖書館出版品預行編目資料

永久磁鐵/ 寶野和博著 ; 衛宮紘譯. -- 初版. --
新北市 : 世茂, 2017.02
面； 公分. -- (科學視界 ; 201)
ISBN 978-986-93907-6-7(平裝)

1.磁力

338.2 105023366

科學視界 201

永久磁鐵

作　　者 / 寶野和博、本丸諒
譯　　者 / 衛宮紘
審 定 者 / 趙晃偉
主　　編 / 簡玉芬
責任編輯 / 陳文君
出 版 者 / 世茂出版有限公司
地　　址 / (231)新北市新店區民生路19號5樓
電　　話 / (02)2218-3277
傳　　真 / (02)2218-3239（訂書專線）、(02)2218-7539
劃撥帳號 / 19911841
戶　　名 / 世茂出版有限公司
單次郵購總金額未滿500元（含），請加50元掛號費
世茂網站 / www.coolbooks.com.tw
排版製版 / 辰皓國際出版製作有限公司
印　　刷 / 祥新印刷股份有限公司
初版一刷 / 2017年2月

I S B N / 978-986-93907-6-7
定　　價 / 350元

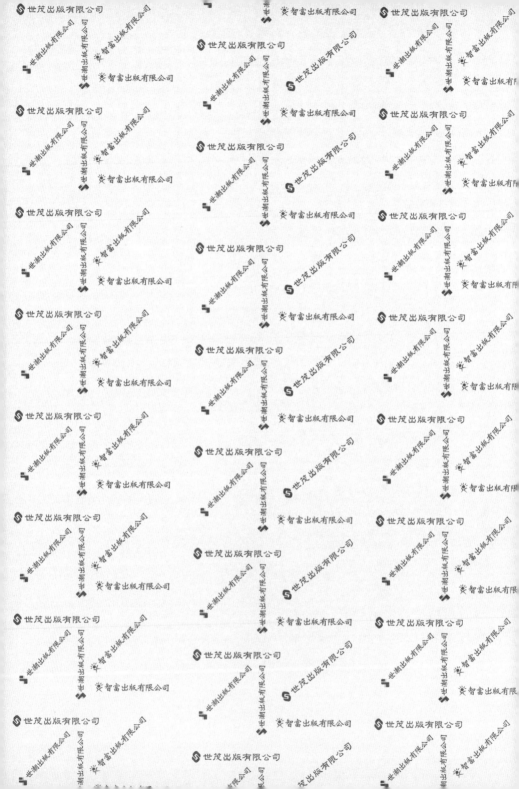

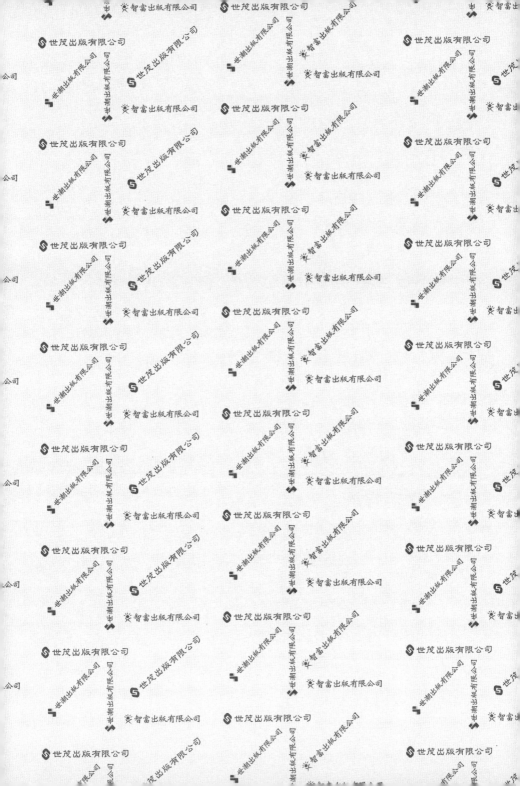